揭露不爲人知的憲兵訓練與執勤生涯

憲兵故事

陳經曜　著

目錄

我寫憲兵的故事（序言）

憲兵精銳特勤隊、憲兵機車連、和總統府憲兵營在歷次國慶大典與執行各項勤務，都成功地將國軍英勇、精實的正面形象傳達給所有的民眾，鼓舞全國民心，是國軍不可或缺的勁旅！

憲兵猶如三軍儀隊給人莊嚴的印象，即使是憲兵巡邏車裡的憲兵都是正襟危坐不苟言笑，其實憲兵私底下也喜歡笑，站得正、坐得正，膝蓋與腰也與一般人一樣會酸，然而支持我們的動力是——當憲兵的榮譽感！

在服役的兩年憲兵日子裡，國內舉行了三次選舉，其間發生了黨外組黨、解除戒嚴、中正機場事件等等，距今幾十年了，現在回想起來仍然記憶猶新！

寫憲兵故事的動機是懷念服役期間與同袍同甘共苦的日子！也覺得解嚴前後的集會遊行事件，社會上對憲兵的評價，讓憲兵好像啞吧吃黃蓮一樣有苦說不出！一般人也不了解憲兵兵力不足和勤務繁重的辛勞與危險！我眞實地寫下憲兵的故事，除了爲自己留下回憶之外，希望能化解一些人對憲兵的誤解。

雖然辛苦了兩年，但是我覺得非常值得，這兩年的憲兵軍旅生活帶給我的人生體驗與同志們的友誼等，是我這輩子最深、最美、最清楚、最有趣的回憶！如果當兵可以選擇，我還是會選憲兵。

退伍三十多年以來，參訪過幾個營區，我發現軍中的設備、訓練管教、申訴管道、與休假待遇等等，都已今非昔比，非常的人性化與合理化，軍人有問題也有很多管道可以尋求協助，與戒嚴時期已大大不同。本書再版時加入了一些說明與警語，希望本書能給入伍的青年一些幫助。

感謝在軍旅生涯中，無論在新訓中心、下部隊或退伍後，眾多長官們與同志們的指導、愛護與支持，讓我順利服完兵役與成長，並延續後憲情誼！

還要感謝初版時號角出版社陳銘磻社長的指導，還有感謝再版時白象出版社的協助，才能讓這憲兵故事繼續流傳下去！

憲兵簡史

我國憲兵的歷史約與我國的歷史相當，已有四、五千年了，如堯典之士、周之環人、秦之中尉、晉之府兵、隋唐之禁軍、宋之禁兵、元之宿衛、明之衛兵，以及清光緒二十六年設立之憲兵，三十一年創辦憲兵學堂，至此正式採用憲兵名稱，歷代憲兵的名稱雖異，但其行使之職權與今日之憲兵極爲類似。

民國成立時，兩江陸軍警察隊改編爲南京衛戍憲兵司令部。

民國三年，國父著手訂立憲兵服務規章，採軍民共管制度。

民國十三年，黃埔軍校第二期設立憲兵科。

民國二十一年一月十六日，南京正式成立憲兵司令部。

民國二十五年，設立憲兵學校。

民國三十六年，憲兵總員額達六萬五千餘人，是爲憲兵的全盛時期。

民國三十八年，憲兵僅有五、六個團轉進到台灣。

民國三十九年，在新生南路憲光營區重組司令部。

民國四十年，頒定每年十二月十二日爲憲兵節。

民國五十一年，成立憲兵機車連。

民國六十三年，成立憲兵軍犬隊。

民國六十七年，成立憲兵特勤隊。

民國七十五年，成立裝甲憲兵營，擴編憲兵部隊達三萬多人。

民國九十四年，成立憲兵砲兵營。

民國一百零二年，國防部組織調整，憲兵司令部降編更名爲「國防部憲兵指揮部」。

民國一百零七年，憲兵縮編爲五千多人，成立「憲兵指揮部快速反應連」。

民國一百零九年，憲兵指揮部緝毒犬分組成軍。

依法憲兵具軍、司法警察身分，主要職責爲——鞏固領導中心，確保國家安全，維持軍隊紀律，輔助地方警察。解嚴後，憲兵的職掌已有不同。憲兵指揮部的組織與職掌——本部隸屬國防部，主掌國家安全情報、軍事警察，協力警備治安、衛戍首都、支援三軍作戰，依「軍事審判法」、「憲兵勤務令」規定，掌理軍事（法）警察勤務；另依「刑事訴訟法」、「調度司法警察條例」，掌理司法警察勤務。

壹、憲兵學校士官大隊入伍訓練

一、月台上的出征心情

我在學生時代，由於羨慕在校門口指揮交通的學生儀隊有一身帥氣的制服與威嚴的隊伍，所以能入伍當憲兵，心情非常的興奮！

入伍當天好友國光、阿文、與阿能都來汐止車站送行，他們能做的就是以後多給我寫信解悶！國光還爲我放了幾個鞭炮以示隆重。

在月台上拍了全家福照，火車也來了！我踏上火車時，最放不下心的是年邁的父母，父親一臉的辛苦，穿著雜牌的布鞋，拿著裝行李的塑膠袋，送我上車後要坐上與我不同方向的火車趕去上班！然而，有大姊與姊夫在，是讓我放心家裡的理由吧！

役男們在板橋站下車，轉乘專車巴士前往新兵訓練中心，役男都知道當憲兵很操，未來將要接受嚴格的訓練！一路上安靜坐著，幾位有菸癮的役男忍不住在車上抽了入伍前的最後一根菸！（吸菸有害健康！）

三十分鐘的車程到達泰山營區，營區大門前廣場站了幾位氣勢驚人的排長和班長準備接兵！前車役男才剛下車，車窗外就傳來了幾位長官宏亮又嚴厲的叫罵聲：「跑步！」「跟上！」「不會挺胸啊！」「不會走路啊！」

我專車上役男們面面相覷露出苦笑，司機停好車後打開車門，一位班長迫不及待地踏上車門階梯，大眼望向車內安靜坐著的役男們大聲吼道：「不會下車啊！」役男們都嚇了一大跳，趕緊起立下車，我感覺心跳開始加速！車內座椅上散落幾包役男不敢帶下車的香菸，役男們依序排隊進入營區大門。

專車旁停了兩三輛私家轎車，有家長直接載役男到營區大門旁下車，這役男下車往大門走，卻聽到背後傳來家人臨別的叮嚀，就停下腳步回頭依依不捨與家人揮別，維持秩序的士官不顧家長的面子，當場就大聲罵起動作慢的役男說：「死老百姓啊！」（意思是說教不來）士官的叫罵聲，讓在場的家長們都把眉頭皺得緊緊的！這役男的高大父親雙手叉腰站在轎車前，被廣場上這一幕看直了眼，這父親身旁一位役男妹妹顯然受到驚嚇而僵住，車旁還有役男的阿媽與母親兩人勾著手臂依偎著，露出了極其擔心的神情！

「動作快！」「跟上！」「你眼睛看哪裡！」幾位班長像千里眼一樣，瞪大眼表情嚴肅站在大門外迎接新兵，卻比大聲一樣吼著！這裡的班長比成功嶺的班長高且壯，也比較兇！

後來聽林分隊長說：「你們現在好多了！以前入伍當憲兵是爬進營門的！你穿西裝也一樣，家長在場也一樣！」

大專兵都上過成功嶺六週集訓，況且當年工專學校絕大部分是男生，校園陽剛氣盛充滿男子氣概！本來入伍訓練就有心理準備，但是一進營門看來，會有一段辛苦的日子吧！

想起專科老師在課堂上閒聊的當兵語錄，變成一種精神激勵：「以前別人當兵保護你們，現在換你們當兵保護別人！」

二、憲校日子第一天

進入營區之後，分隊長的叫罵聲就此起彼落，從此就不能隨便開口講話、不能笑、不能隨便轉頭、眼睛不能亂看、動作要快、不能說你我他、開口要報告、離開要敬禮，上過成功嶺的人都懂得這些道理，但是這裡嚴格多了！

體檢

役男全被帶進禮堂（中正堂），要再作一次體檢，當年憲兵的錄取標準需甲等體位、身高一六五公分以上、視力一．〇以上、高中以上學歷、沒有案底、沒有刺青、沒開過刀，就有機會當選為憲兵。事後黃分隊長跟新兵閒聊時說：

「前梯有一位役男，身上有幾公分的刺青，就退掉了！」

我忽然看到一位戴著厚鏡片眼鏡的役男無助地左顧右盼，他馬上成爲千餘人的目光焦點，那年代憲兵不能戴眼鏡，他在體檢之後被轉調到阿部。（憲兵稱呼不屬於憲兵部隊的其他陸軍部隊爲「阿部」，阿兵是阿兵哥的簡稱。）

我後來發現隊上有位新兵常常利用下課時洗隱形眼鏡，有一次還因爲太久沒洗而兩眼發紅，眞是辛苦啊！我的視力大概在及格邊緣，排隊等待檢查視力時，我默背了牆上的「視力表」因此視力輕鬆過關，想不到居然有人戴隱形眼鏡過關。

量血壓時，護士小姐眉頭微皺，又看我一眼，要我換一手再量一次，好像是勉強讓我及格了，我不知道血壓也在及格邊緣？低血壓不用當兵嗎？當年社會風氣都認爲「好男要當兵」，俗話說：「憨憨免做兵，呆呆免娶某！」不用當兵可能會被認爲身體有缺陷，怕被異性嫌棄，找不到老婆變成羅漢腳，所以男同學們大都以能入伍爲榮！

體檢及格後排隊理髮，理一個光頭只花了三十秒，我被分配在士官大隊第十四隊，隊上有一位汐止同鄉阿芳與一位專科同學阿豪，其餘一百多位新兵都不認識，隊部對面是福利社，右邊是麵包廠，後面是高速公路泰山收費站。穿上草綠服要吃午餐時已經下午二點了，由於營區用餐時間已過，廚房準備了兩大桶的湯麵讓本隊新兵在十四隊的教室裡用餐。

值星官李分隊長站在教室講台上板著臉說：「挺胸、坐三分之一板凳，以碗就口，不准發出聲音！吃完可以再來盛。」我吃不到半碗，就出現一位高大的新兵已經吃完一碗，鼓動著嘴巴、拿著空碗要再去盛麵，值星官見狀就伸手指著這位新兵大聲罵：「回去！」新兵不知緣故，但是馬上回座，全隊新兵都嚇了一大跳，我心想只能吃一碗嗎？

值星官接著說：「吞下去再來盛！」有人盛麵太滿，湯滴在地上，立即引來值星官的大聲罵：「怕吃不飽啊！」其他分隊長也跟著大聲罵道：「你要倒大楣了你！」「再滴湯試試看！」只要有一位分隊長開罵，其他在場的分隊長們也會跟著大聲罵！令人非常的緊張！（憲兵部隊裡稱謂爲分隊長就相當於阿部的班長，區隊長是爲排長，隊長是爲連長，唯憲兵隊長可是少校階。）

我心裡想著母親叮嚀的話：「第一碗不要太滿，趕快吃一吃，搶第二碗時就可以盛得尖尖的……。」入伍第一天雜事比較多，編排隊伍、（第十四隊一一三員分爲三個區隊，每區隊設有區隊長，一區隊有三分隊，每分隊有一位分隊長帶領。）分配教室坐位、分配床位，分發個人衣服用品，時間過得很快，馬上又要晚餐了。

練眼神

部隊準備集合吃晚餐，值星官分隊長說：「注意！」「注意還在動！」「動的人伏地挺身十下！」幾位新兵很誠實地在教室走道上做伏地挺身。值星官有規定：下達「注意」口令時，無論新兵正在幹嘛，都要立即停止動作，像一二三木頭人一樣不能動。

值星官分隊長接著說：「注意！三分鐘後隊集合場集合完畢，稍息後開始動作，稍息！」新兵聞口令後迅速跑往集合場，分隊長隨即走到集合場喊起口令：「中央伍對準我，向中看─齊，向前看。排頭爲準，向右看─齊，向前─看。」人多總是會擠來擠去又找不到位置。

值星官又說：「再看齊一次，還沒入列的人，要蛙跳入列。」「排頭爲準，向右看─齊，向前──看。」沒入列者約有十來位，值星官吼道：「蛙跳入列！」其他分隊長分散在隊伍四周，也跟著大聲吼：「動作快！」「還慢慢來！」新兵一一蛙跳入列。爲了避免費力又難堪的蛙跳，新兵集合時，總是爭先恐後非常迅速，蛙跳入列的新兵也越來越少了。

進餐廳（中正堂）前得先唱軍歌，只聽值星官罵道：「當這裡是成功嶺啊？」記得在成功嶺集訓時，班長也罵說：「當這裡是戰鬥營啊！」參加救國團小琉球戰鬥營時，長官也說：「別當是郊遊啊！」

值星官整好隊之後下令：「原地踏步—走！」「一、二、一、二、男兒立志在沙場，男兒立志在沙場，預備—唱！」

全隊新兵放聲大唱：「男兒立志在沙場，馬革裹屍氣豪壯，金戈……」

值星官突然吼道：「停—！」「你們在唱流行歌曲啊？」「用丹田出力唱，第一句要有爆發力！」「男兒立志在沙場，男兒立志在沙場，預備—唱！」

新兵使盡力氣唱：「男兒立志在沙場，馬革裹屍氣豪壯，金戈揮動耀日月，鐵騎……」

值星官又吼道：「停—！」「你們聽聽隔壁隊唱的！再唱不好的話，那要唱不完了！」我看隔壁隊唱的也沒有多好啊？值星官好像故意操人！這時新兵十幾個隊都唱著軍歌進入中正堂。

值星官接著又說：「再唱一次，唱得好的話就進餐廳，要不然大家都不要吃了！」「男兒立志在沙場，男兒立志在沙場，預備—唱！」

新兵都拼命大聲用力唱：「男兒立志在沙場，馬革裹屍氣豪壯，金戈揮動耀日月，鐵騎奔騰憾山崗，……。」從此之後，三餐前整隊唱軍歌，然後倆倆並肩齊步走進餐廳，未來兩年的上哨日子，兩人並肩齊步走的默契，就是從這裡開始養成的。

進入餐廳後，我已經筋疲力盡了！入座時，若發出桌椅碰撞聲，值星官就會下令：「起立！坐下！起立！坐下！」直到無人發出聲音爲止，值星官又說：「挺胸，坐三分之一板凳。」並利用打飯班的新兵在打飯菜時的空檔，要新兵下巴夾著一支筷子與坐對面的新兵大眼相瞪—練眼神，兩個新兵瞪大著眼相對著看，實在是很好笑，通常一個人笑了，坐對面的人也會跟著笑，因此值星官就指著餐廳外遠處的大樹說：「左去右回，開始！」被罰跑回來之後，再次大眼相瞪時就笑不出來了！因爲很喘。

有時候林分隊長會故意找人單挑比眼神，看誰先眨眼，或者故意斜眼微笑逗新兵，看誰的功夫練不到家，誰就倒楣了！練了一段時日之後，再怎麼被逗弄也不會笑了！

用餐時，除了不能發出聲音，以碗就口，垂直夾菜之外，嘴裡還有飯菜是不能起立盛飯的，千餘人一起用餐幾乎沒有發出任何聲音，值星官分隊長如果不滿意新兵的吃相就會喊道：「注意！敵機臨空！」新兵就趕緊躲到桌下！

下課時林分隊長對新兵說：「你們還沒遇過敵機臨空，狀況沒有解除，繼續吃飯的！」我們都很疑惑，這怎麼吃？林分隊長接著笑說：「蹲在桌下繼續吃飯，想夾菜時，就伸長手臂在桌上亂夾一通，有時會夾到別人剛才吐出的骨頭！」

每餐四菜一湯，每桌有四個盤子裝菜，一小鍋裝飯，另一小鍋裝湯，六人一桌一起用餐，菜色不錯，量也夠，也有水果，但是沒有刀可削皮，柳丁要像橘子一樣撥著吃，否則就要有大鋼牙才吃得快，同桌六人用餐完畢才能一起離開餐廳，若盤子裡還有任何一點一滴的剩菜剩湯，分隊長會命令說：「把菜吃光光！」六人就迅速把盤子清光，飯後要用小跑步離開餐廳，因此我常常會反胃。

值星官有規定：新兵在中心所有動作都要小跑步，不能慢慢走！有一次飯後小跑步回隊上，沒注意地上的台階，左腳踝扭了一下！走路變得很痛！午睡時間請分隊長帶領到醫務室看診拿藥。（隊上規定新兵就醫只能在午睡時間向分隊長提出。）

三、一個口令一個動作

晚餐後回到教室，值星官李分隊長說：「注意！集合洗澡時只穿內褲，現在脫衣服十秒鐘，開始！十、……、三、二、一、停－！」「停還在動！」「再十秒，開始！十、……三、二、一、停－！」這時林分隊長站在講台上板著臉罵道：「進了房間，褲子脫得比誰都快！」我起初聽不懂是什麼意思，後來我會意了，我看到許多新兵都忍不住低頭會心一笑！

三個區隊分三批洗澡，進了浴室，圍在水池邊，等待著三分鐘或五分鐘戰鬥澡的口令？在成功嶺已經洗過戰鬥澡了，因此不大在意，豈料竟來個分解動作！

值星官王區隊長下令說：「注意！一個口令一個動作，打一盆水，好——！好了還在動！洗頭十秒鐘，開始！十、……三、二、一、停——！」「洗身體十秒鐘，開始！十、……三、二、一、停——！」「打一盆水，好——！沖——！停——！」

林分隊長奸笑問著新兵：「洗好了沒有啊！」當然是沒有人洗好澡囉！很多新兵身上還有泡沫，暫停動作等待下一個口令，有人臉上的泡沫已經要滴入眼睛了，顯得有些狼狽！

值星官王區隊長以施捨的口氣說：「再讓你們洗十秒鐘，開始！十、……三、二、一、停——！」「打一盆水，好——！沖！」「十秒後浴室外集合完畢，開始！」急忙中，跑在前面的人若拿錯了置物櫃上的內褲，後面的人找不到自己的，只好穿上別人的內褲。

其實很少有人洗好澡，有的新兵身上還有泡泡，都只沖了三盆水而已！水池的水位很低，手短的人還撈不到水！第二天一個口令一個動作洗澡時，新兵變聰明了，不要用太多香皂，這種方法洗了四天，第五天起，就改以限時五分鐘的自由洗澡（戰鬥澡），洗起來覺得時間很充裕，可以洗兩次。

寫平安信回家

晚餐後是輔導長的時間，輔導長與政戰士的講話聲音也很大，但是口氣就好多了，不像分隊長們一開口就是大聲吼、大聲罵、又處罰！輔導長要新兵塡寫基本資料，這在成功嶺也塡過，其中有一欄是要寫認識的民意代表、有無親人在政府機關任職，我好像都沒有人可寫！這是在調查新兵的背景。

輔導長還要新兵寫出自己的籍貫、祖籍與祖譜，來台灣是第幾代？從大陸哪一省來的？不清楚的寫信回家問，或是放假時回家問家長。後來放假時，我就去問我大伯，我是來台第七代，祖籍是福建省泉州府安溪縣藍田鄉。

輔導長還規定每一位新兵都要寫一封平安信寄回家，新兵在寫信時，政戰士低頭在教室走道上遊走，看新兵寫些什麼，輔導長開玩笑說：「報平安就好，你不要叫家裡寄錢寄東西來喔！」引起了新兵的笑聲。那年代一入營區就與外界隔絕，聯絡方式只有打公用電話與寫信，公用電話不方便打，通信成爲唯一的聯絡方式，要等到回音可能要一週之後！

晚上若還有空閒就做些伏地挺身、交互跟跳等的運動，這常使得大家又是一身汗了！我入伍前收到兵單，得知獲選爲憲兵就每天練習伏地挺身，新兵伏地挺身每次要做三十至五十下，最多做到一五〇下左右，最少是做一下，分隊長下令：「一個口令一個動作，一下二上，一！」一下去後，就一直撐著，等不到「二」口令！

有的部隊做到二百多下、三百多下，甚至有人說做到四百多下，這大概是「唬爛」的吧？大凡當過兵的人，在營時都想盡辦法大混特混，退伍後總大吹特吹吧！

晚點名

晚上九點晚點名時唱憲兵歌，憲兵歌的歌詞是：「整軍飭紀，憲兵所司，……。」有時候聽起來像是：「整天吃雞，憲兵所吃，……。」隊長訓完話，值星官區隊長也有事交待，最後值星官分隊長再訓一頓：「你以爲你們是憲兵了？你們是入伍生，還沒結訓，連二兵都不是！最好不要被退訓！……」「亂動的人跑教室三圈！」受不了蚊子叮而動者，免不了要被罰跑步，或是罰交互跟跳，因此大家都討厭晚點名！

大專兵有成功嶺的經驗，具陸軍入伍訓練的基礎，很快就能進入狀況，不過這裡可要嚴格多了，新兵的一舉一動與一言一行都要有命令才可以做，否則就會受到嚴厲的責罵與處罰，除了就寢之外，分分秒秒都在分隊長的掌控之中！

晚上九點四十五分吹起熄燈號，值星官分隊長說：「各位同志晚安！」新兵回說：

「隊長晚安，各位長官晚安，各位同志晚安。」

有些人活到二十歲，挨罵受罰的次數可能還沒有入伍訓練時那麼多，況且以前挨罵時還有家人、同學的安慰，在軍中只有自己安慰自己，因此在入伍的頭幾天，每當就寢之後，好像有人以淚水安慰自己而發出聲音？還是流鼻水？

巡房的黃分隊長發現就問：「那是什麼聲音啊？」「好好地睡，不要想太多！」「睡著了沒有啊？」寢室裡沒人回答，黃分隊長用生氣的口氣說：「不會回答啊！」新兵們小聲回說：「睡著了！」黃分隊長接著說：「睡著了還說話？」新兵不敢再出聲音，黃分隊長又問：「睡著了沒有啊？」沒人敢再出聲，黃分隊長接著自問自答說：「都睡著了！很好。」就走出寢室去了。

當年軍中已經禁止幹部打新兵和罵粗話，但是新兵遭受責備難免會有挫折感，受罰也使自尊心受損！就寢是一天當中，唯一可以短暫逃避現實的時候！但是怎麼常常覺得才剛躺下，就吹起床號了呢？是傳說中的半夜緊急集合嗎？原來是因爲出操上課太累了，睡得太熟了，不知東方之即白。

起床號

我在就寢之後就很怕太陽出來！早上五點半驚心動魄的起床號響起，值星官李分隊長與幾位分隊長們已經著好裝，站在寢室走道中央吹起哨子大聲說：「注意！」「注意還在動！」「著裝、整理內務，三分鐘後床前就定位，開始！」三分鐘內要收蚊帳，折「豆腐」被，穿衣穿鞋，還要刮鬍子，由於新兵不准使用電器物品，只能用刮鬍刀慢慢地刮，有時急了，常常刮得下巴血肉模糊，真是慘不忍睹！因此有的人在就寢後或是起床前就先默默地刮起鬍子。

千萬別拿到新棉被，舊的已經成形比較好整理，但是值星官可不管這種先天上的不平等，總有人在午睡時間頂著棉被做交互蹲跳出棉被操！

值星官說：「盥洗三分鐘來回，開始！」三區隊輪流盥洗，新兵爭先恐後跑步衝進盥洗室，人多推擠碰撞，值星官又說：「不准跌倒，不然會倒大楣！」尿尿完，時間已過了一半，我常常洗了臉就來不及刷牙，或者刷好牙時臉就沒得洗了！動作慢的最後幾位新兵，總會被好幾位分隊長大聲吼：「動作快！」「還在慢慢來！」「你要倒大楣了你！」

在隊伍裡面，無論做什麼事，總是「走在前面的要小心（別搞錯了），後面的倒楣，中間的要注意！」還有一句名言是「不打勤、不打懶、專打不長眼！」床上的木板也有學長寫道：「菜鳥要忍耐，中鳥要等待，老鳥有交待！」有的人爲了節省時間，就邊刷牙邊小便，也有人打一臉盆的水帶進廁所，邊上大號邊盥洗！

晨跑五千公尺

憲兵晨跑要跑五千公尺，這是我早已耳聞也最擔心的項目，讀專科時每學期只測驗一千五百公尺就覺得吃力，五千公尺我跑得完嗎？入伍前特地去拜訪一位同學的兄長，他已經憲兵退伍出社會工作幾年了，同學幫我問說：「阿曜選到憲兵，憲兵很操？」兄長木然回答：「對！」又問：「每天早上要跑五千公尺？」兄長看我一眼點頭回說：「對啊！」就沒再提供任何意見了！大概不想讓我太擔心吧！

在隊伍裡，跟著大家一起跑，一起唱歌答數，操場一圈四百公尺，一圈、兩圈、三圈，第四圈，我已經破了專科紀錄！想起專科老師說過的話：「別人可以，你也可以！」五圈、六圈、七圈、氣喘呼呼的我竟然跑到第八圈了！帶隊跑步的值星官王區長忽然減緩腳步，然後改爲步行，今天只跑八圈，又走了半圈讓新兵緩緩氣，全隊只有一兩位新兵掉隊，其餘同志們都跑完，入伍才一天，我居然可以跑三千多公尺！憲校第一次晨跑過關！

入伍前兩週每天早上跑三千公尺，再慢慢增加到五千公尺，每天晨跑五千公尺很多人都覺得受不了！但是眞正敢脫隊，裝著一副心臟病發的人卻很少，因爲新兵都是甲等體位，分隊長盯得緊。如果裝病不想跑也是可以，只要你裝得像就成了，可以到旁邊大樹下休息，但是你可別看大家跑得辛苦，不小心嘴角露出微笑來，那你就完了！分隊長罵道：「不舒服還笑！」但由於分不清楚是眞是假，又怕鬧出人命，並不會要你再跑，但是常常摸魚，會被分隊長「點名作記號」，改天操練跟心臟比較無關的練立正、練正步、刺槍術等等，那你就眞的完了！（每人體質不同，出操上課，若身體不舒服，一定要向幹部反映，並注意補充水分，以免出意外。）

王區隊長傳授的「吸呼調節法」也很管用，通常用一吸一呼跑久了呼吸必亂，呼吸一亂就會撐不下去，剛開始起跑時，應先用兩吸兩呼，再則兩吸一呼，最後才是一吸一呼，只要兩吸兩呼撐過一半就能跑完全程，有此方法使我跑步成績進步神速。新兵年輕力壯，經過幾週的訓練之後，都可以跑完五千公尺，有時候也會訓練端槍跑步，或是一手拿著啞鈴跑步，我跑步成績進步不少！

從此每天就過著規律的生活，起床─盥洗─早點名─跑步─打掃─早餐─出操上課

—午餐—午睡—出操上課—晚餐—洗澡—出操上課—晚點名—就寢。

然而，每天挨罵受罰的次數，卻是不規律的，有時候覺得分分秒秒都在分隊長的嚴詞厲色中度過，令人非常地緊張，有時候在難得的片刻安寧中，分隊長也會出其不意的大聲斥責：「懷疑啊！」「搞不清楚狀況啊！」「你要倒大楣！」

通常挨罵之後就要受罰，罰伏地挺身或者交互跟跳，要不就是指著老遠處的大樹，叫你左去右回，（可別右去左回，繞錯樹的方向，那就白跑了！）有時候還等你快跑回到終點的十公尺之前，又下令：「臥倒！匍匐前進（爬回來）！」泰山堅實營區的大操場上有一面精神標語牆「永矢忠貞」是左去右回的熱門標的。

莒光日

莒光日是每週最受歡迎的日子，身心都可以休息，在教室只要用耳朵聽就行了，政治教育從辛亥革命談起，加上東征、北伐、剿匪、抗戰和台灣經驗。

政府三十八年遷台，三十九年至四十二年韓戰，四十四年至六十四年越戰，四十七年八二三炮戰，六十年退出聯合國，六十四年蔣公去世，六十六年中壢事件，六十八年元月中美斷交、中共停止對金門砲擊，十二月美麗島事件，國內外情勢越來越艱困！

莒光日晚餐後，新兵在隊集合場集合，輔導長命令各分隊圍成一個小圈席地而坐，輔導長在小圈之間遊走並問：「有誰要唱歌嗎？」「唱流行歌曲也可以喔！」隔壁分隊一位新兵舉手，輔導長接著說：「好，坐著唱就可以！」新兵清唱：「那年我們來到小小的山巔，有雨細細濃濃的山巔，你飛散髮成春天，我們就走進意象深深的詩篇，……。」夏夜晚風下難得如此輕鬆片刻，新兵們嚴肅的面容慢慢變成笑容了！

輔導長說：「唱得不錯，再唱一首，會唱的可以一起唱！」新兵又唱了一首空中補給合唱團的 Lost in Love！在歌聲中新兵們臉上都露出了入伍以來難得的笑容！接著莒光日分組討論，各分隊新兵先簡單自我介紹，互相認識並記住姓名，……。莒光日結束，分隊長們馬上跑出來大呼小叫要集合晚點名，對新兵大聲喝斥動作慢！

入伍的第一週由於生活緊張便祕了六天，吃了六天的東西也不知道跑到那去？通常早上不會有時間上大號，都要半夜起來解決。也許以前在社會上的工作不如意，你可以換工作，在學校不適應也可以轉學，但是在軍中就非得適應不可！想起補習班老師說過的話：「服兵役是國民應盡的義務，每個人都要當兵，跑不掉的，台灣四面環海，你要跑去哪裡？當和尚也要當兵！」

日子一天一天辛苦的熬過去，入伍第一個週日在營休假不能會客，期待第二週週日的會客日子，更盼望第五週的週日—可以放假外出的日子，當然啦！最希望結訓日子的來臨！

（多年以後，聽學弟說，軍方已經注意到新兵入伍初期的便祕問題，可見這是很普遍的現象，也提供了治療方式。）

四、便衣憲警開槍事件

由於隊上長官都是由台北各地憲兵部隊臨時調來支援組成的，所以聽了很多各地憲兵的傳聞和故事。以前蔣公時期，因爲西安事變、南京保衛戰、與大陸撤退時，憲兵盡忠職守、英勇犧牲，深得蔣公信任，憲兵在軍中的地位很高，人稱「見官大三級」，薪餉也有加級。有人說蔣公所到之處，一定要見到憲兵，否則是不會下車的。蔣經國總統時期，所到之處則不能看到憲兵，否則會違背親民的原則，大都改以便衣執勤。

戒嚴時期不准集會遊行，集會遊行就會讓人

聯想到示威暴動，暴動就由警察和憲兵來鎮暴，由於早期警力不足，主要由憲兵支援鎮暴。台灣戒嚴時期以來的第一次遊行示威是六十八年一月的「橋頭事件」，六十八年十二月又發生了大規模遊行「美麗島事件」，聽說那時憲警有「打不還手，罵不還口」的命令，那次事件中有許多人受傷。黃分隊長說：「美麗島雜誌全省各縣市都有分社，都一起亂起來，那不得了，很緊張啊！」七十七年一月二十日制定公布《動員戡亂時期集會遊行法》是解嚴後《集會遊行法》的前身。

六十九年還發生一件前所未有的意外，在中山北路執行聯合警衛勤務的便衣憲兵與前往辦案的便衣刑警因誤會互相開槍，造成一死一傷的憾事！當年憲兵有一連專責中山北路道路聯合警衛任務，全連憲兵留長髮穿便服值勤。

當時便衣刑警接獲通報有可疑分子，卻不知道該路段有便衣憲兵值勤，誤以為便衣憲兵是可疑對象，在雙方互不認識之下，便衣刑警上前盤查的過程中，發現便衣憲兵身上帶槍，而便衣憲兵誤以為遇襲，誤認對方是歹徒要奪槍，憲兵掙脫逃走後，雙方互相開槍，刑警不幸殉職，憲兵亦中彈受傷！

事件發生後，這案件被列為聯合警衛勤務的教材之一，也改變了憲兵與警方的合作方式，每週舉辦憲警勤務協調會，加強憲警互相的熟悉與認識，避免再發生誤會。

分隊長們看新兵聽憲兵故事聽得目瞪口呆，就很喜歡利用機會講給新兵聽，順便作機會教育。黃分隊長說：「憲兵也有違法犯紀的例子！」新兵聽了都覺得很懷疑，憲兵是三軍的模範，怎麼會有人知法犯法？那憲兵的面子不就丟光了？分隊長又說：「絕大部分的憲兵都是守法的，但是也有極少數的人犯法！」「大家要引以爲戒，要不然你就有當不完的兵！」

分隊長說：「某偏遠處的崗哨，由於小單位的兵力較少，長官很少去督導，因此就天高皇帝遠了！」有一次在外面喝酒簽帳時，被店家消遣說：「沒錢就不要來嘛！」因此跟店家起了衝突，結果都被判了重刑！

我聽了這個例子，覺得眞是不可思異！我想起電視電影上的古代官兵衛隊，穿著軍服騎著大馬，呼嘯馳騁在大街上，行人都驚慌地紛紛走避，走避不及的，不是跌爬在地上，就是物品散落了一地！軍隊一定要有軍紀！才能得民心！

小白臉林分隊長又說：「某憲兵隊的巡邏車停在路邊休息，竟然四位士官兵全都睡著了！結果都被判了怠忽職守的罪，帶班的士官判了兩年多，士兵判了一年多！」我聽了覺得很可怕，打瞌睡竟然要多當兩年的兵！這件事在當年也是案例，聽鄰居阿東學長說：「因爲剛好有一位老百姓經過，看到車內的四個憲兵昏倒，以爲是憲兵出事了！趕緊打電話報警！」

我想，也許警察抽菸或打瞌睡不會被判重刑，但是當憲兵就不一樣了！只要一戴上憲兵白帽，就表示在值勤中，一舉一動都不能有一點隨便！既不能笑，也不能抽菸，連上廁所也不行。（需取下白帽表示非值勤中，才能喝水、抽菸、與上廁所。）

五、新兵會客收心操

入伍的第一個週日不能會客，第二個週日可以會客，這是新兵所期盼的日子。二姊來信說姊夫要開車載全家人來看我，我心裡雖然期待著，但是我知道家人都忙，很難全家人都來，結果家人來信說臨時有事不能來了，我想這樣也好，不想讓家人看到幹部大聲罵人的場面！我回信說：「沒關係，我在中心適應良好！」

新兵入伍訓練期間，在營區裡幾乎沒有任何消遣娛樂，隊上中山室只有一坪大小，僅有報紙及雜誌，平常不能上福利社買零食，整天時時刻刻都在緊張中，只有週日可以去福利社，我買了一個麵包和一瓶汽水慰勞自己入伍這十三天來辛勞，然後又去和坐安官（安全士官）的分隊長聊天，我說：「報告分隊長，上憲校後山出操很辛苦，爬得心臟都要停了，但是上去之後，視野很棒，心胸開朗，很有成就感！」分隊長問我說：「你爸爸是職業軍人嗎？」我說：「不是。」分隊長點點頭，好像是在對我鼓勵。

會客開始後不久，我分隊的周同志就被中校大隊長召見了，張分隊長就帶著周同志去大隊部會客。周同志會客完畢回到隊上之後，「走路攏有風」，笑得非常開心，我就問：「誰來看你？」周開心地說：「我爸爸！」我好奇又問：「你爸爸認識大隊長？」周笑說：「我爸爸是將軍。」我驚訝說：「哇！將軍！比大隊長大！」周同志有很好的背景，在軍中就比較輕鬆愉快了！但是我看張分隊長帶周回來時，臉色並不是很好看，後來有一天張分隊長還爲了小事就大聲訓了周一頓。

週日與莒光日都是比較有時間寫信的日子，我就趁這個機會寫寫家書，報個平安，而在此受苦受難的情形只有寫給同學和朋友才會提起，因爲我告訴家人於事無補，反而會令家人擔心，寫給朋友就盡量多提一些，好讓自己有種吃得苦中苦、方爲人上人的神氣！

軍中無以爲樂，收信是一大樂事，多收幾封信時，輔導長和同志們都會投以羡慕的眼光並發出驚嘆聲，這令人覺得很有成就感。在中心的日子，與人講話聊天的機會很少，寫信也算是一種補償。

我專科時，班上同學曾經介紹一位高中女同學跟我寫信，我們寫過幾封信，也通過電話，這樣應該不算是筆友！有一次她寄來的信附上一張照片，卻被政戰士分隊長當成通信違規（交筆友）而沒收了！這位並不是筆友，眞是冤枉，我也不敢再寫信給她了！

新兵在中心的日子，若有什麼委曲，通常都是「沒有理由、沒有藉口！」若是多說的話，常會遭到加倍的處罰，因此這封信就算了！我也不敢據理力爭。（無關犯法，沒有刑責的小事，也不用計較！）

大部分的新兵都有家人來會客，新兵與家屬在教室會客，因爲座位不夠用，値星官就說：「沒有會客的學兵到二樓寢室休息。」隊上少數幾位跟我一樣沒有會客的新兵只好默默上樓坐在自己的床鋪上，因爲不能亂跑，也無處可去，也不能睡覺，有點無聊！我看著窗外，樓下的新兵與家屬在樹陰下會客野餐，還發現少數的新兵有女朋友來會客，有女友依偎眞是令人非常的羨慕啊！

會客的日子，令人覺得時間過得很快，而受訓的日子，卻又覺得時間過得很慢！會客快結束時，同分隊的同志們陸續回到寢室，阿賢看我坐在床沿就問我說：「阿曜，你沒有會客？」阿賢看我搖頭，隨即將手上的大蘋果遞給我並說：「這顆給你。」旁邊的阿豪見狀也說：「這包給你。」將手上的一包餅乾順手拿給我，同分隊同志知道我沒有會客，把剛剛會客沒吃完的水果與餅乾送給我，我接過蘋果與餅乾時，有熱淚盈眶的感覺，令人非常地感動啊！

會客時間有家長在場，長官的口氣比較友善，並不會對新兵大吼大罵！會客之後要做「收心操」，我雖然沒會客，但也要跟著操，一般都是些體力與注意力的訓練，有跑步、伏地挺身、交互跟跳等等，另外爲求注意力集中，「口令一是右轉、二是左轉、三是向後轉、四是蹲下、五是起立。」然後聽口令做動作，做錯的話就要受處罰。收心操的目的，是要把新兵的輕鬆心情再次緊張起來，以繼續接受訓練。（當兵不要太有自尊心，受累受罰是平常的事，當作磨練，無須在意，罰伏地挺身，做完笑一笑就算了。）

晚點名過後，王區隊長微笑著說：「剛才會客，有人在教室看到家長時，竟然流起淚來了！」這應該是很普遍的現象，在訓練中心極高的強大壓力之下，看到親人關愛的眼神，很多人都會流下男兒淚吧！這是喜悅與驕傲的眼淚，新兵都撐過了最辛苦的前兩週訓練！

六、頭插兩根草，滿山遍野跑！

上憲校後山出操最累了，因為山坡太陡，新兵的腳步很難跟得上身經百戰的長官們，因此視此為畏途。但是我卻很喜歡上後山，因為山上的視野很好，尤其是在夏天的艷陽下，天空很藍，

台北盆地由群山環繞，淡水河流轉在觀音山與大屯山之間出海而去，看了這片風光，眞是令人心曠神怡，然而我想起了入伍以來的這些驚心動魄的日子，有種日暮鄉關何處是，煙波江上使人愁的感覺！對面的山腳下，就是我的家吧？這片屬於軍方的山林若改成森林公園的話，一定會和陽明山一樣受到歡迎！

新兵平時的一舉一動都要一板一眼，立、走、跑、坐、蹲都要有標準的姿勢，唯有在山上打野外時，可以亂跑、亂跳、亂叫（殺聲），因爲戰鬥教練的衝鋒攻擊不必有整齊的隊伍與劃一的動作，儘可自由發揮。

分隊長拿木炭給新兵塗臉，身上還要插一些樹枝雜草來僞裝，戰鬥教練的名言：「頭插兩根草，滿山遍野跑！」新兵衝鋒時的隊伍若是太整齊或是路線太固定，分隊長就會舉手趕新兵回去說：「陣亡！陣亡！你們都陣亡了！回去再衝一次！」往往衝了四、五次之後，分隊長還有意見：「回去！回去！你們擠成一堆都陣亡了！」衝了幾次之後，趴在地上等待著下一次攻擊的命令，這時候假如有螞蟻搬家經過你身邊就要小心了，有一種大黑蟻行動迅速咬人奇痛無比！

事後區隊長說：「在官校受訓時，每次衝鋒攻擊至少都衝十次以上，班長一直叫你回去回去，沒有理由的，再一次再一次，衝到後來，連旁邊賣汽水的小蜜蜂都看不下去，對著教育班長抗議說：『班長！你們，你們怎麼可以這樣整人！』」

記得專科老師說過：「合理的要求是訓練，不合理的要求是磨練！」

打靶

若是上憲校後山打靶，那就得多搬一些槍、彈、板凳、鋼盔和器材等，使得新兵都變成輜重兵了。打靶分五七機槍、六五步槍和四五手槍三種，我比較喜歡打四五手槍，因爲令人覺得像美國西部牛仔或是○○七情報員的感覺，眞是過癮！四五手槍很重，後座力很大，但是打靶只能用單手，要用力握緊槍身。打靶的日子新兵最常挨罵，長官也特別兇，因爲打靶時的紀律最重要，一不小心的話就可能出了意外！

七月天實在太熱了，部隊休息時，新兵抱著槍坐在地上不能亂跑，靶場槍聲引來了小蜜蜂，新兵飢渴的面容上，眼睛隨之一亮，但是新兵並無福享受！平常不讓學兵上福利社買汽水的幹部們，都忍不住買了汽水喝，平時嚴肅的隊長也買了一瓶運動飲料！新兵坐在地上看長官們喝汽水的專注神情，都變成像小孩子一樣的目瞪口呆了！有些大膽的新兵會趁長官們不注意時偷買汽水喝，有人舉手問分隊長說：「報告分隊長，可不可以買汽水？」分隊長不置可否轉過身去不回答，好像是默許了，大概也不忍心讓小販又提了半桶汽水回去。

在回營區的路上，我的力氣已經用光了，分配到四頂鋼盔的雙手一直抱著，無法變換姿勢也無法休息，走了三四十分鐘雙手已經撐不住了，我用期待幫忙的眼神看著別人，但是同志們都累得像逃難的難民似的，誰還有精神去對別人察言觀色呢？進入營區後，由於帶隊的值星官不滿意全隊的步伐凌亂，改以跑步回隊上，我終於體力不支而掉了一地的鋼盔，事後當然少不了被點了名，也許這位大專陳分隊長知道我實在拿太多東西了，叫我以後小心點就沒事了。打靶之後晚上就一定是坐在教室裡擦槍，算是比較不累的課。

七、志願役與義務役

每年大專預官的錄取率都在下降，軍方希望爭取更多的志願役四年半預官，以補充基層軍官的不足，從大隊長以下到分隊長常常利用機會遊說新兵。隊長說：「薪餉一萬多（二兵才一千八百元），四年後可存個五十萬，剛好可以作爲退伍後的創業基金，或者也可以增加家裡的經濟來源。」隊長知道大專兵比較有獨立思考的能力，所以又說：「雖然軍中也有黑暗的一面，有吃喝玩樂、亂借錢的軍人，但畢竟是少數，在憲兵部隊裡就更沒有了……。」

本來第五週週日才可以放假回家，但是現在機會來了，隊長讓有意願的人在第三週週日（八月四日）回家問家長，而分隊長卻暗示新兵若是打混回家的，可沒有那麼便宜的事。同志之間也認為放假回來若不簽的話，會操人的！不過我認為先放再說，全隊共約二十個人換上便服準備回家。我換便服時，心情非常的興奮，分隊同志們看了，也都露出羨慕（後悔？）的表情。

也許因為新兵這三週以來不能笑，也沒有笑的權利，一踏出營區側門時，大家都相顧而笑了，腳步也輕了，我感覺到營外是彩色的！在營區裡穿也綠的，所看到的房子、樹、草地都是綠的，讓人覺得營區裡是黑白的！

新兵在等公車時，人手一瓶大寶特瓶汽水大口大口的喝，大家都覺得很滿足，因為在營區裡還沒有上福利社的自由，我一路上對車窗外所見的一切民房、汽車、行人都覺得很新鮮，有種出國遊覽風景的感覺，又彷如隔世。

入伍已經二十天了，家人看我提早兩週回來，頗為驚呀！我開玩笑地說：「我逃兵回來的！」，又嚇了家人一跳。打開剛剛街上買的新唱片，一九八五年 Tears For Fears 的新歌 Everybody Wants To Rule The World，震撼的舞曲，冰涼的汽水，享受著老百姓的自由，家裡有電視、冰箱、沙發、有蓮蓬頭熱水洗澡，這些平凡的家具設備，卻是很大的幸福，眞是太舒服了！週日在營休假的消遣只有報紙雜誌與麵包汽水！

其實簽不簽我自己可以作主，我有點想當軍官，但又覺得四年半太久了！二姊最近已經找到工作了，叫我別考慮家裡的經濟問題，因此我想還是不簽的好。

回部隊後，並沒有被特別「照顧」，白賺了一天心裡高興，但是分隊長問起的話，則要裝成一副「父命難違」的樣子才行。最近同志之間常開玩笑說：「你不要逼我，你不要逼我，再逼！我就簽哦！」意思是說別欺侮我，否則我簽了以後就可以當軍官，階級就比你大，改天見面就要你好看。

分隊長整天分分秒秒盯著新兵，唯一有空可以自由講話的時間是洗澡後回寢室，大約每天只有這十分鐘可以聊天或擦藥，因此全隊幾乎一半以上的人不熟也沒講過話，某日洗澡後回寢室，同分隊的同志互相詢問意見：「你要轉服志願役嗎？還是服義務役就好？」同志們都熱烈地討論轉役後的優缺點，不過有一位同志名叫阿光，逢人問起便開玩笑說：「我是不願役！」同志們聽了都覺得很好笑。但是這種話，最好不要亂講，因爲軍中的事「可大可小」，尤其是在戒嚴時期，很容易就禍從口出！

隊上轉服四年半預官的人數不多，隊長在第四週週日時，又讓有意願的人，再回去問一次，這次敢舉手的人就少了，因爲同志們都認爲這次回家一定要簽，否則回營後會操人的！我心裡雖然也有點害怕，但是想到一出營門，人生就變彩色的，我就奮不顧身的舉手。

這次踏出營區側門時就沒有上次那麼興奮了，只買了小瓶汽水，車上乘客少，看著窗外風景，還是有點擔心！收假回來沒簽怎麼辦？回家聽聽音樂，洗洗澡，再放一天，眞是爽！收假歸隊的時候，我的心情非常緊張，也想好了一些藉口以防萬一，回到隊上後，還好都沒「事」！黃分隊長看到我回到隊上就問我說：「要不要簽？」我有點緊張地搖搖頭，分隊長沒說什麼就走開了。

放假

入伍訓的一到四週是在營休假，第五週週日才可以放假外出，在放假之前，醫官來跟新兵上了一課——性病。醫官介紹各種性病，其中最可怕的就是 AIDS，不過當時台灣的感染人數只有個位數而已，醫官最後還說：「女朋友一個就好，太多的話也會得病，若沒有女朋友，自慰是最好的方法，風月場所最好都不要去，萬一你非去不可，你一定要做好預防工作，要戴保險套……。」

醫官下課後，黃分隊長站在講台上表情嚴肅地向新兵警告說：「萬一你忍不住，非去不可，還是不能去！收假回來，每一個人都要脫褲子檢查！看小雞雞有沒有紅紅的，紅的就表示有去。」說罷黃、林兩分隊長相顧而笑，而平常不苟言笑的大頭張分隊長也露出了難得的微笑，而新兵們更是哄堂大笑。

第五週開始放假以後，新兵們也漸漸地適應了這裡的生活，在體力上與戰技上也進步了不少，與長官們也熟了些，覺得日子好過了一些，不過仍然想趕快結訓早日脫離苦海。

收假歸隊時，分隊長搜出不少的香菸，不過有些人半夜起床如廁時，仍然有菸可抽，我就問阿成說：「你怎麼有菸？」阿成說：「收假時，先把菸藏在沖水馬桶上面，再去接受分隊長的檢查。」阿光卻說：「大大方方的去福利社買，不就得了。」我問：「你怎麼敢買？」阿光笑說：「說是幫分隊長買的啊！」阿光的這個方法不錯，但是太冒險了！

從此以後，我就常在半夜起床去廁所上大號，順便抽一根公菸，藉機讓自己輕鬆一下！有時還抬頭望著星空，欣賞一下仲夏夜的牛郎織女星才回寢室睡覺。

八、憲兵的十八般武藝

憲兵的入伍訓練要四個月（上過成功嶺的人只要三個月），其中兩個月的課程是陸軍訓練，另兩個月則是憲兵訓練，然而不論是受陸軍還是憲兵的訓練都被要求得非常嚴格。

憲兵的訓練比步兵來得有趣，有擒拿術、奪刀術、奪槍術、摔角、抬拳、齊眉棍、交通指揮手式、和鎮暴操等，還有一些可以在教室裡打瞌睡的軍法軍紀課程，然而最辛苦的是練儀態、練立正、練眼神，這些都是當憲兵最重要，也最基本的訓練。

擒拿術要學到會實用，並不是一朝一夕的事，奪刀也是，奪槍更不容易，而摔角時，若雙方體重相差懸殊，也不容易壓制成功，跆拳與齊眉棍可以現學現用，聽說這些都是由少林武術精華中演變而來的招式，不過我比較感興趣的是雙節棍，但是憲兵拿雙節棍不成體統吧！

軍方聘請外面的跆拳教練來教新兵打跆拳，從「太極一場」開始學起，教練的口氣溫和，不像分隊長那麼嚴厲，新兵在打跆拳時，分隊長們在一旁督導，常常對新兵們指指點點，不滿意新兵的打拳動作，說新兵是花拳繡腿，分隊長罵說：「你們在打繡花拳啊？出拳沒有用力！」

七月天出操上課汗如雨下，但是要有值星官的命令才能拿起水壺，喝水也能一個口令一個動作，王區隊長說：「喝半口」，就不能喝一口，說：「喝一口」，就不能喝第二口，說是怕新兵電解質不平衡，喝愈多，汗愈多，人愈累。（大熱天應該補充足夠的水分，現在軍中很重視阿兵補充水分，以免出意外。）

新兵上廁所離開值星官的視線，就可以大口喝水，水壺沒水要去熱水機裝水，但是常常大排長龍，裝了熱水也不能馬上喝，因此新兵都利用上廁所時偷喝自來水解渴，潔僻的我也忍不住喝了幾口，溼透又曬乾的草綠服上，常有一片鹽粒出現，細看之下鹽粒還是正立方體的。

入伍不久之後，就有新兵因爲流汗來不及擦，也沒有時間擦藥，都得汗斑、溼疹等皮膚病，如此一來，出操上課就更難過了！

出鎮暴操時穿鎮暴裝，戴鎮暴盔，左手拿方盾牌，右手拿短警棍，區隊長吹著哨子：「嗶—嗶—嗶嗶嗶—」「嗶—嗶—嗶嗶嗶—」，各分隊新兵就聽哨聲作隊形變換，並用短警棍敲打著盾牌，口喊：「嘿！嘿！嘿嘿嘿！」嘿聲響徹雲宵，全隊一百多人就能顯得聲勢浩大，剛開始還覺得新鮮有趣，好像古代兵勇騎馬打仗，準備要攻城掠地！但是全副鎮暴裝又重又熱，後來就想敬而遠之了！憲兵有鎮暴操名言：「人稱憲兵是鐵衛，每逢佳節必戰備，別人放假我在累，三更半夜還要嘿！」

指揮交通時所吹的哨音要由丹田發出才能結實有力，然而要吹得好並不是一蹴可幾的，分隊長常消遣新兵說：「你們是車掌小姐啊？」眞不知道吹哨子也是有學問的，哨音有「一長音」「一長音後一短音」「急短音」等，連續多吹幾次之後，包你面紅耳赤中氣無力，大概練三個月可以小成。

軍法軍紀課程也是一天當中很好的喘息機會，教官每週見面就說：「光陰似箭，日月如梭；年怕中秋、月怕半、星期就怕禮拜三。」教官要新兵撐一下，辛苦就過去了。有些同志體力不支亂點頭打瞌睡，教官看了也不罵人，但是門外的值星官分隊長探頭探腦看得清楚，下課十分鐘就點名打瞌睡者到隊集合場出操。

教官下課後，值星官站上講台嚴厲地說：「剛剛上課打瞌睡的舉手，到外面集合！」有時值星官若覺得精神不濟的人太多了，就「連坐法」全隊集合出操直到上課鈴響，新兵連上廁所的時間都沒有。

九、長官臉譜眾生相

憲兵學校的校長是少將階，當憲兵能升上少將是非常的不容易，因爲憲兵和海、空軍一樣，人員較少職缺也少，不像陸軍人多缺也多，校長的要求非常嚴格，而且常常大發脾氣，因此他所到之處草木皆兵。有一天校長到操場來看新兵出操上課，隊長跑上前去喊口令行了部隊敬禮，卻被校長指責服裝儀容不整，口袋沒縫暗扣，讓隊長在新兵的面前出醜！我覺得校長眞不給面子，不過隊長風度好，事後並沒有遷怒他人。

我在士官大隊遇過校長兩次，每一次都不會超過五分鐘，但是我至今仍然記得校長發怒罵人時的可怕面容！還有一次校長巡視到隊上來，剛好是下課時間，全隊官士兵都被突來星星（將軍）嚇了一跳，屁股都夾得緊緊的（立正），校長的目光掃來掃去，我們也隨著校長的目光焦點而心跳不已，最後校長的目光停在我的指甲上，並指責王區隊長沒有好好督導新兵，訓了區隊長一頓。

校長走了以後，王區隊長仔細地檢查我的指甲，我自己也很懷疑，難道一時之間又長了指甲，實際上已經夠短了！所以王區隊長並沒有處罰我，反而小聲向林分隊長搖頭說：「校長很嚴！」

林分隊長笑說：「某某長官更嚴，有一次巡視部隊時罵人說：『看看你們，一個個白得像什麼一樣！』聽說後來整個部隊在午睡時間都帶到屋頂平台上，用溼毛巾遮眼作日光浴。」軍中的奇聞軼事，聽起來覺得很有趣！

大隊長

中校大隊長中等身材，是當年軍官中少數的本省籍，看起來人很老實、和藹可親，也不會到處巡視罵人。每次我們部隊行經大隊部時（在升旗期台後方），值星官都會特別要求，不但隊伍要整齊，唱歌答數還要特別表現出精神，值星官總是說：「前面是大隊部，拿出精神來，讓大隊長聽到！」同志們也會特別賣力演出！

大隊長在週會時說了麥帥的名言：「一百萬買不走我入伍訓練的權利，一百萬也買不動我去做第二次的入伍訓練。」這話雖然有理，但是大專兵在成功嶺已經新訓了一次，這回不是第二次了嗎？洗澡後有同志私下笑說：「每人可賺一百萬了？」阿光說：「聽說沙烏地阿拉伯的軍營都裝有冷氣機！」除非挖到石油，否則那有那個命！

隊長

少校隊長身高接近一八零，具儀隊身材，爲人細心，利用午睡時間在隊裡的中山室分批約談各分隊新兵的受訓情況（未邀分隊長出席），並查看新兵的就醫記錄，當我分隊被約談時，隊長問我說：「你爲什麼尿道炎？」我一緊張，忘了醫官說的話：「水喝太少！」以爲是入伍前常熬夜所致，答稱：「入伍前生活比較不正常。」隊長大眼看著我，好像欲言又止，我忽然想起醫官的話，心想我這樣回答，隊長好像誤會了？眞是冤枉！但是我看到隊長的嚴肅表情，我也不敢再多說。

隊長又問我們分隊說：「在這裡受訓，有什麼問題嗎？」我看沒有新兵敢發言，我就鼓起勇氣舉手說：「報告隊長，學兵覺得睡眠不足，因爲站衛兵常常會排到午睡時間或是半夜，一天常常睡不到八小時。」隊長皺起眉頭說：「你們在這裡，兩天才輪到一次衛兵，以後下部隊的話，一個哨只有四個人輪流站，每天晚上都要站一班衛兵，到時候你怎麼辦？」隊長皺著眉頭又說：「四個人是在正常的情況下，如果有突發狀況，三個人輪一個哨，甚至兩個人，站兩歇兩，也是常有的事！」

我只想儘快結束與隊長的談話，因爲我覺得我一定說不過隊長，隊長也無法改善我的睡眠不足與勞累，只會說下部隊後多苦多累，於事又無補，因此隊長說什麼四個人、三個人我沒聽懂，也不敢再問下去了！

後來有一天我與阿賢掃地時遇到了隊長，就一起向隊長敬禮並問好，隊長指著阿賢說：「太小聲，再說一次！」

阿賢就大聲喊：「隊長好。」

隊長也指著我說：「你再說一次！」

我也大聲喊：「隊長好。」

隊長睜大眼板著臉對我說：「還是太小聲，再說一次！」

我就放聲大喊：「隊長好——」

隊長向我瞪眼說：「你向隊長拋媚眼是不是？」「是不是？」

我大聲回說：「報告隊長，不是。」

隊長嚴厲地回說：「不是，眼睛怎麼不睜大？」「再喊十次！」

我只得用力把眼睛睜得大大的，使盡力氣喊十次，「隊長好」「隊長好」「隊長好」「隊長好」「隊長好」「隊長好」「隊長好」「隊長好」「隊長好」「隊長好」！被操了一頓下來，眼睛紅了，嗓子啞了！洗澡後空檔阿賢還消遣我說：「隊長說你拋媚眼！哈哈哈哈！」我無奈說：「我是單眼皮小眼睛，天生就比較吃虧。」

輔導長

中尉輔導長是原住民，身高約一八五，身材結實壯碩，是四年半的預官，不用跟部隊一起出操上課，有空常常在輔導長室裡看書，大概是要準備退伍後的考試吧？由於上面希望憲兵百分之百的入黨，所以輔導長就介紹無黨籍的新兵入黨，輔導長說：「如果你愛國的話，就一定要入黨！」隊上經調查約有二、三十人沒有入黨，經過輔導長的引介，有一半以上的新兵入黨了，只有少數幾位沒入黨，沒入黨好像也不會怎樣。

專科時期老師勸同學們入黨也說：「愛國一定要入黨！」但是當年社會上已經開始有一些反對的聲音，班上更有大膽的同學質疑爲什麼愛國一定要入黨？老師也很難自圓其說。也有年輕老師跟我們同學說：「黨外的抗爭方式雖然不對，但是沒有這些人，也是不行，國家不會進步！」社會風氣已經漸漸開放，民間和校園都出現不同的聲音。

第五週開始可以放假外出，輔導長要每人收假時交一份社調資料，就是要寫一些輿情和治安有關的資料，大專兵作文應該都沒問題，沒資料就看報紙作文。

王區隊長

王區隊長身高約一七五，壯碩身材，在緊張的訓練之餘，對著新兵微笑說：「區隊長是不是和藹可親啊！」新兵嚴肅慣了，沒有人敢回應，也沒有人敢笑出聲來，我脫口說出當時電視節目上的術語「才怪！」，立即引來新兵的笑聲，頓時王區隊長變得不知所措，這時兩名分隊長同時大聲怒罵：「誰講的？」「站起來！」我馬上起立立正，分隊長怒道：「向區隊長道歉！」我向區隊長說：「報告區隊長，對不起。」區隊長不待我說完，就揮手示意我坐下。事後一位其他分隊的新兵消遣我說：「他是最好的了，你還這麼說！」我只不過想和區隊長唱和一下，並無不敬之意。

有一天中午艷陽高照，即將午睡時，王區隊長忽然來到寢室巡視，然後拉了一床棉被丟在寢室走道上，又拉第二床、第三床，同志們面面相覷不知所以？最後一共點了一二十床的棉被，命令這些棉被的主人帶棉被到隊集合場集合。集合後，命令新兵頭頂著棉被做交互跟跳出棉被操，因爲這幾床棉被不像豆腐，像饅頭！新兵跳完後，王區隊長拿起一床棉被，教導如何摺好棉被，捏出陵線，新兵在地上練習摺棉被，區隊長一一檢查，及格才能回寢室午睡，當大家回到寢室時，午睡時間已過，沒得睡了！

徐區隊長

徐區隊長身高約一八零，人高馬大，兼任我的分隊長，徐區隊長要新兵把S腰帶繫到第四格，簡直要繫到肉裡面去了！非常不舒服，不過太鬆也不好看，跑步時一定要繫S腰帶，五臟六腑才不會在肚子裡亂撞。徐區隊長常常叫我跑腿，有一次晚上因爲視線不佳，徐區隊長在全隊面前叫了我的名字，我舉手喊「有」，徐區隊長左顧右盼問：「在那裡？」我馬上站起來，當場成爲全隊注目的焦點，因此有一些其他分隊的同志也認識我。

原來徐區隊長要我幫他泡麵，區隊長的面容很像我一位小學同學，覺得很親切。由於入伍前幾週還不准上福利社買吃的，張分隊長看到我在飲水機前泡麵，其他新兵都在打掃，就罵道：「幹什麼？還泡麵啊！」幾位掃地的新兵看著我，都驚訝我的大膽，我說：「報告分隊長，泡麵是區隊長的。」我把泡麵端進區隊長的寢室時，區隊長坐在床沿正在抽菸，用手勢指著要我坐在他身旁，問我說：「你家住哪裡？」又問：「會不會抽菸？」我答會，徐區隊長就把手上的菸遞給我，讓我吸了好幾口，眞是過癮！

有一次打掃時間，我與阿成躲在廁所裡偷抽菸，被其他分隊的新兵發現，去告了密，結果當天晚上就寢後，被他們的張分隊長點名：「下床、就寢、下床、就寢、下床。」跳上跳下幾次之後，分隊長又命令我們兩人做交互跟跳，樓下剛好是徐區隊長的寢室，結果跳醒了徐區隊長，當徐區隊長上樓走過來時，我心裡想著：「完了，還要被區隊長再操一次！」徐區隊長問分隊長說：「什麼事？」分隊長說：「躲在廁所抽菸！」徐區隊長點點頭，示意他來處理，分隊長就離開了。又問我說：「什麼事？」我把經過說了之後，區隊長並沒罵我們，反而說：「你們被擺了一道，知不知道？這件事就這麼算了，再被操第二次的話，就告訴我。」

當年軍中已經開始注意不當管教，就寢後的處罰更是大忌，這讓區隊長覺得不妥出面制止，就原諒了我們兩個新兵，有區隊長的照顧，讓我覺得在中心好像也有靠山！

分隊長

大眼李、大頭張、黃分隊長是一六八期的三年半士官，林、陳、張分隊長和政戰士是一七五期，身高都在一七五左右。我曾下課時問大眼李分隊長說：「為什麼分隊長從來不笑呢？甚至有趣事發生時，嘴巴也不曾動過！」李分隊長講話總是要抬頭十五度說：「敢笑！就叫你在爛泥上爬！還笑得出來？」想必他們經過了一番苦訓！分隊長又說：「只要你不碰我，你絕對無法逗我笑！」分隊長睜大眼練起眼神，無論如何逗弄，他不但不笑、不動，甚至眼也不眨，這實在令人非常的佩服！

入伍第一天大頭張分隊長在整隊編排隊伍時，新兵動作慢了點，張分隊長馬上不耐煩，隨手拿起腳上的鞋子就丟了過來！大頭張分隊長很兇，話很少，時常瞪著大眼又咬牙切齒，實在很嚇人！

有一天新兵午睡醒來，發現寢室走道上滿地的白毛巾（當年陸軍規定用綠色，憲兵用白色）。林分隊長將全隊新兵掛在床鋪旁鐵絲上的毛巾全部拉下來，板著臉邊丟邊罵：「看看你們毛巾！黑得像抹布一樣！你們領的薪餉只會買東西吃啊！」

小白臉林分隊長長得白白瘦瘦高高的，具有儀隊身材，在私底下最喜歡開玩笑作弄人，有一次熄燈就寢後，他點了根菸，巡視到我分隊時，竟然讓有菸癮的新兵輪流抽他的菸，然後瞇著眼笑看大夥過癮的樣子，我也跑過去抽了一口燙手菸。他平常還喜歡消遣「地A」的大專士官，因為隊上新兵都是「天A」的，林分隊長笑說：「你們看！大家都是天A的，只有他是地A的！」很多新兵跟著笑，有的新兵則是微笑。很多人都認爲大專兵體力較差，其實也不竟然。

林分隊長還有一次下課時，竟然表情嚴肅地命令一位新兵上台親吻另一位新兵，林分隊長說：「過來！」「親他！」「懷疑啊！」看了兩位新兵親嘴後，林分隊長才哈哈大笑說：「哈哈哈！那有人打ㄅ（接吻）嘴唇往內收的！」新兵們哄堂大笑，只有在這種搞笑的場合裡才看得到分隊長的笑容，除此之外，就很難看到了！

黃分隊長是隔壁分隊的分隊長，比較有往來，黃分隊長曾說：「各軍種都有特種部隊，憲兵的特種部隊是由常士中挑選出來的，他們的全身衣服、帽子、鞋子都是黑色的，他們結訓時，要在十秒之內跑完五十公尺，邊跑的同時還要打出六槍滿靶才算過關！」

黃分隊長又說：「特種部隊平常就是要處理一些特別狀況，或者保護重要人物，而戰時就成了狙擊手，專門打對方的指揮官。」我想全身黑衣的特種部隊隊員，身懷衝鋒槍與手槍，配備對講機，再穿上防彈衣，眞是帥極了！隊上還有兩三位大專預士分隊長，他們輩分比其他三年半分隊長低，平常大都嚴肅，下課很少跟新兵講話聊天。

忠貞一梯到忠貞九五零梯

我們隊部的對面是福利社，週一到週六的訓練期間若要上福利社要先跟值星官報告，這樣就等於是不能上福利社，新兵時間都被值星官掌握著，也沒時間去。福利社隔壁是皮鞋部，裡面有一位退伍老兵（俗稱老芋仔）在幫人修鞋，聽王區隊長說，他是「忠貞一梯」的憲兵（四十七年入伍），我們是忠貞三三八梯的憲兵，差三百多梯，因此大家都很敬重他，他大概是從大陸過來的老兵吧！壯碩身材，略為發福，年紀大約五六十歲吧？穿著短袖內衣與長褲，走起路來慢慢的，不曾見過他臉上有任何表情的變化，眞不知他內心的世界為何？

義務役忠貞案最後一梯是九五零梯，於民國一零七年退伍，四十七年到一零七年剛好一甲子六十年！

警察役

當年因為警力不足，除了當兵之外，唯一的替代役是轉服四年半的警察役（迅雷小組），服警察役的新兵也來泰山代訓，聽說他們的月薪有一萬多元，我們二兵薪餉只有一千八百元。感覺上做同樣工作的憲兵似乎比警察的地位高一點，因為警察只管百姓，而憲兵是百姓、軍人都可以管。

我看他們好像操得比我們兇，跑步都還一手拿著啞鈴，聽說他們服完役後，也算是後備憲兵，他們入伍沒多久就有一位警察新兵，趁著黑夜爬上幾乎垂直的十公尺斜坡，在營區旁的高速公路上攔車，搭便車逃回家去了！

逃兵超過三天，就會被通緝並判刑，但是通常會先利用各種管道把人找回來，關了禁閉就算了，因爲部隊長官們也不希望發生逃兵，因爲會影響很多志願役軍官的前途。

十、協力車與跑天下的課外郊遊

我們都是經過挑選的大專兵，程度都差不多，也相處得不錯，新兵之間也不曾有任何衝突發生，隨著時間的流逝，新兵與分隊長們也混熟了些。

黃分隊長與我分隊新兵向來比較有得聊，有一天洗澡後回寢室，黃分隊長開玩笑地說，要我們分隊找女同學郊遊，結果分隊排頭眞的約到了十多位女孩子，我們也出動了十多名士官兵，利用第八週週日去淡水騎協力車，這眞是太棒了，我也報名參加。

我們在台北車站轉乘淡水線的火車，要進月台時，李分隊長交代大家說：「分散在人群裡，不要走在一起。」十幾名身材高大又理光頭的大男生走在一起，恐怕引起眼尖的車站憲兵盤查或是向上回報，幸好假日人還滿多的，沒被發現。

到淡水租了協力車，一人載一位女同學，這就像學生時代聯誼一樣的有趣，女生還是長苗子（長頭髮），都很正點，卻跟一群光頭阿兵哥在一起騎單車，引起路人的好奇目光（當年高中以下有髮禁）。

我們努力地踩著協力車，向淡江大學騎去，這時張分隊長載著李、黃兩位分隊長毫不費力的踩著油門，開車超越我們而去，我們在淡大校園的草地上玩團體遊戲，分隊長有時候還利用權威耍賴皮，不過都玩得很高興。有菸癮的新兵，今天可以在分隊長面前抽菸，分隊長今天比較友善，講話聲量變小了，不會對新兵大吼大叫！

分隊長又開車領著新兵的協力車去看海，我們坐在滬尾漁港的碼頭上，欣賞著巍峨的觀音山，這山確實美極了，我們在附近找了餐廳午餐，淡水河的清風讓我們度過了一個美好的星期天，本來想交個女朋友回去，但是因爲頂個大光頭，已經失去了昔日的風采，所以就讓機會錯過了！

同志阿光也開來了一部福特跑天下，這令我們非常的羨慕，我想知道我與「跑天下」的距離相差多達，我就問阿光說：「這部車要多少錢？」阿光說「三十幾萬。」這對我來說無異是天文數字！那時專科一學期的學費是兩萬多，要買三十幾萬的跑天下，簡直比登天還難，不知道什麼時候才能圓這個夢！

郊遊結束，回到隊上，李、張、黃分隊長又變成一張嚴肅的臉，但是感覺得出來，罵我們的口氣比較不兇，沒有以前的嚴厲！一七五期林分隊長聽到消息，也過來問我們到哪裡去玩？

十一、總統府選兵

由於國慶日與年底的縣市長選舉日即將到來，各地兵力吃緊，所以三三六梯與三三八梯要提前和三三五梯一起下部隊。

我們這一梯三三八梯大專兵有一半的名額選爲士官，要到林口繼續受訓八週，其餘將在第十週抽籤，第十一週就要撥兵下部隊了，獲選爲士官取決於受訓成績，我沒獲選爲士官有些失望，但是能獲選當憲兵已經不錯了！

即將來臨的抽籤，使得分隊長們對新兵的話題也轉到各單位的勤務上面，憲兵最有名的單位當然是天下第一營總統府憲兵營與憲兵機車連，在總統府當憲兵很光榮也很辛苦，這裡要求最嚴格，勤務最繁重，休假最少，這總統府「金像獎」，比陸軍的「金馬獎」（外島金門馬祖籤）還要辛苦！

在總統府站衛兵，雖然不用像忠烈祠儀隊那樣臘人似的站哨，但是這裡是全國最重要的政府機關，不但進出的人多，事情也多，光是全國黨、政、軍要員與各國使節的車號就有上百個要背，在這裡當憲兵當然最辛苦了！

「憲兵機車連」身高要求在一百七十七至一百八十三公分之間，這樣的隊伍看起來很整齊，聽說要騎重機之前，要先練習推機車跑操場，重機兩三百公斤也夠辛苦的。

「憲兵機車連」雄壯威武的隊伍，在歷年的國慶典禮與各項勤務，都能呈現出國軍英勇及精實的一面，不僅鼓舞人心，對國軍的形象也有正面的意義！機車連除了參與各種軍禮勤務之外，也執行警衛勤務，作爲護衛官員及外賓車隊的先鋒，還有平時的駐地（憲兵司令部）警衛勤務，勤務可謂繁重，並不是整天無所事事，只騎著重型機車參加國慶遊行而已！

二〇一二年受「精粹案」影響，軍方以「憲兵機車連」在戰時能擔負的任務極爲有限爲由，決定予以裁撤，即使民意代表與後憲團體的反對，軍方還是將「憲兵機車連」裁撤！改編爲「憲兵指揮部勤務連警衛排」！連續幾十年來國慶典禮的焦點、精稅部隊機車連，在當年缺席了！少了憲兵機車連的國慶典禮令人大失所望！

二〇一八年軍方核定將「憲兵指揮部勤務連警衛排」改編為「憲兵指揮部快速反應連」，強化衛戍重要區域防衛作戰的能量，又恢復了連級的規模，並重返國慶典禮。

聯合警衛

當年台北市中山北路的便衣憲兵，主要是為了總統上下班的安全所設置的，憲兵與警察所組成的「聯合警衛」，除了要使交通順暢之外，還要注意路上有沒有危險的人（刺客）、物（炸彈）出現，另外還要防止有人「攔轎申冤」，聽說便衣憲兵可以留頭髮，每人還發一套西裝。

我想當便衣憲兵也不錯，身上帶著手槍及對講機，就像〇〇七電影中的詹姆士・龐德一樣，一定會很威風！可是李分隊長卻說：「當便衣很輕鬆嘛！還可以看小姐是不是？聯合警衛有時候一出勤就是一整天，或是半天！」同志們聽了之後，都露出驚訝的表情，我想便衣憲兵也好不到那去！

額頭高高的黃分隊長笑說：「當憲兵想輕鬆就要離台北越遠越好，最好是在什麼山上，或者是外島，都不會有人跑去示威遊行，而且單位越小越好，勤務比較單純！」

阿光聽了這些話，覺得很奇怪，就問：「報告分隊長，爲什麼到外島比較好呢？離家那麼遠？」

分隊長說：「你在台北離家最近，但是近有什麼用？在台北狀況（事情）最多，一有狀況就停休戰備、機動待命，有家歸不得哦！」

我想也是，國慶、選舉、演習、示威遊行、黨政軍官員出巡，或者各國大使，都需要憲兵，所以一定要遠離台北！

一六八期的分隊長們，一有空就會講一些憲兵故事，因爲他們入伍已經一、兩年了，見識也多了，不講一些的話，難以顯示出他們已經不是菜鳥班長了，要不然就是喜歡看新兵吃驚的表情。

黃分隊長又說：「聯合警衛只能算是外衛區，保護總統的還有中衛區、內衛區，三層的嚴密保護才能保證安全，內衛區的安全人員是站在總統身邊，隨時準備要擋子彈的！」「要是有手榴彈出現的話怎麼辦？」

有同志答說：「趕快撿起來，丟遠一點。」黃分隊長說：「要扔那裡？到處都是人啊！」又有人說：「用人牆保護。」黃分隊長說：「對，要犧牲！」

總統的安全人員，穿著西裝、戴著墨鏡、耳機，手拿對講機，身懷手槍，眞是酷極了，但卻也是危險重重啊！

京畿

小白臉林分隊長歪著嘴神祕地說：「你們要是抽到橋樑、隧道，那些哨點都離營區很遠，站完兩小時，等換哨完畢回營區，已經又過了一個鐘頭！一班哨等於三小時！」經過各位分隊長的「恐嚇」之後，我想還是新兵訓練中心比較輕鬆吧！

林分隊長又說：「進入台北市的重要橋樑、道路都改由憲兵看守，以前是陸軍守的，你們知不知道是爲了什麼原因？」有同志答說：「坦克車兵變，戰車差點開上台北。」

林分隊長板著臉說：「不要亂講！」林分隊長喜怒無常，搞不清楚他是眞怒還是假的，林分隊長露出詭異的笑容說：「要你們憲兵去看守，是爲了保衛首都的安全，當然也要防止非法進入首都的武裝車輛。」

李分隊長說：「在台北市若遇到交通警察開紅單，你就報憲兵隊就沒事了。」同志們聽了都覺得很有趣，李分隊長又說：「在南京東路附近，你就說是東區憲兵隊的憲兵，在西門町就報中華路台北憲兵隊，在士林就報士林憲兵隊。」黃分隊長微笑著說：

「在總統府附近呢？」同志們齊聲笑道：「總統府憲兵營！」

選兵

在抽籤之前，憲兵機車連先來選兵，其次是總統府憲兵營派人來選兵，全隊身高在一八零上下三公分的人，都被招去量身材、看臉蛋，黃分隊長開玩笑說：「等一下去選兵，你們不要故意歪嘴，或是裝成斜眼哦！」同志們不禁哈哈大笑！

可能有新兵表現出不願意去的態度，當場就被選兵軍官與學長斥責了。王區隊長回到隊上後，向分隊長說：「要訓人，把兵帶回去再訓嘛！在這裡就這樣！」分隊長們都跟著區隊長搖頭。由此可見一經選上，以後就沒有好日子過了！

（有些人不敢去這些單位，也有人自願想去，聽說軍方的作法已有改變，獲選役男可以選擇是否加入選兵單位。）

被選上的新兵，身材臉蛋都是最優的，都有儀隊的標準，我們分隊排頭也被選上了，他要先下部隊，看他在寢室收拾行李，同志們都默默無語！臨行時，分隊弟兄們一一與排頭握手道別！明知他去總統府很辛苦，也不知道要說什麼：「保重！」

有人說好籤都給有背景的人去抽，沒有背景的人，是不可能抽到好單位的，有背景的人有機會調去比較「涼」的單位，而一般人呢？就要看你平常有沒有燒好香了！

抽籤之後，只知道單位代號，不知道駐地在那裡，也不知道是什麼單位，黃分隊長與李分隊長都熱心地幫大家查出各單位的名稱，憲兵可分二〇一、二〇二、二〇三、二〇四及二〇五指揮部，各單位分別是：

憲兵機車連、總統府、陸軍總部、特勤、海軍總部、空軍總部、梅莊、中山北路、國防部、警備總部、鎮暴部隊、車站、交通管制、隧道、橋樑、金門、馬祖、通訊、憲兵學校、台北憲兵隊（又分爲東、西、南、北區四個憲兵隊）、桃園憲兵隊、新竹憲兵隊、台中憲兵部、彰化憲兵隊、嘉義憲兵隊、台南憲兵隊、高雄憲兵隊、宜蘭憲兵隊與花蓮憲兵隊等。

當年有人說憲兵的編制太大，令人覺得好像軍權擴張了，其實只要憲兵的軍紀好，憲兵就像警察一樣，可以協助維持治安，有何不妥？況且警力常常不足，多一個憲兵隊就像多一個警察局，有何不好？

憲兵雖然也有極少數違法犯紀的人，但是整體來講，是值得大家信任的，憲兵協助檢警破案也屢見不鮮，有些檢察官還很喜歡憲兵協助辦案，因爲憲兵部隊訓練精實，又沒有地方人情的包袱，可見憲兵隊還是有存在的價值。

我抽到二七一連，李分隊長說：「好像在金門。」天啊！我要去外島！聽說對岸的水鬼（蛙人）長得又高又壯，他們結訓時的測驗是摸上金門島拿個東西回去才算過關！他們過來的水鬼假如被打死，他們會再過來摸幾個哨兵報仇，這眞是駭人聽聞，這種冤冤相報的情形現在應該是沒有了，民國六十八年兩岸砲戰結束之前，到外島就很危險！後來我才查明二七一是在台南，不是金門，嚇了我一跳。

到外島除了離家遠，還有就是一切都軍法處置！記得國中老師上課閒聊時提過：「當兵是不能開玩笑的，尤其在外島，出事都是送軍法！很多都是重罪！」同學們聽了都覺得很可怕！（戒嚴時期的外島前線，如敵前逃亡、反抗命令、暴行犯上等都是重罪！）

十二、苦難的結訓

憲兵學校士官大隊忠貞三二八梯次第十四隊結訓合影 中華民國七十四年九月二十一日

李分隊長在教室講台上說：「你們在這裡是天堂，知不知道?下部隊每天至少站三班哨，沒有在睡通宵的，晚上一定有一班要站，一天能睡五小時就偷笑了！」新兵都希望趕快結訓，離開中心的魔鬼訓練，下部隊很累，每晚要站哨，就站吧！

黃分隊長說：「下部隊機靈一點，不要出狀況！好好表現！你一個人表現不好，人家不會說你不行，會被說你們這一梯都不行！」

新兵所盼望的結訓即將來臨，新兵苦難的新訓，終於要結束了！可是想想分隊長們對我們述說憲兵各單位的情形聽起來，下部隊好像才是苦難的開始！

結訓典禮的那一天，新兵要穿憲兵服踢正步接受閱兵，每人都發一套全新的憲兵服，大家都覺得很興奮，像小孩子過新年穿新衣一樣，迫不及待想穿上憲兵服，長官們擔心新兵自己把線燙歪了，會燙不回來，新兵的憲兵服都偷偷拿到外面送洗，拿回來後果然燙得筆挺。

張分隊長說：「飾鬚要用鐵鎚慢慢打圓打平，再放到床墊下壓平定型，這樣才會好看。」在沒有網路的年代，班長與學長若懶得說一些眉角（訣竅、要領），學弟就學不到。

李分隊長說：「衣服與褲子的前面燙線，從上而下一條線，那才好看！」要挑到大小適合的衣褲，穿起來又上下一條線，這不容易。

黃分隊長摸著自己的袖子燙線正經地說：「我衣服上面燙出的線，利得可以割人。」李分隊長在一旁笑道：「我的（燙線）還可以切肉！」同志們聽了都哈哈大笑，這話雖然說得誇張，不過內行人一看，就知道穿憲兵服的人是老鳥還是菜鳥，因爲穿衣服也是有學問的。

結訓在林口新訓營區舉行，場面非常浩大，會有高級長官蒞臨，因此隊上長官的要求也比較嚴格，踢正步要踢得整齊並不容易，每天加緊練習，三餐進餐廳本來都是兩人並肩齊步走，也改成兩人並肩踢正步進餐廳，結訓當天其實不會很累，之前多次的演練可累人了！

撥兵——苦難的開始

新兵結訓典禮後，照例要拍團體照留念，可是願意買的人卻不多，大頭張分隊長怒道：「不買還要照！」王區隊長說：「一百多人以後不可能再聚一堂了！」我想也是啊！

雖然是脫離了苦海，但是離別的憂愁也浮上了心頭，開始懷念相處的這段時光，全隊新兵都撐過來了，沒有人被退訓，接著要下部隊了！時間的巨輪不停地向前走，任誰也奈何不了它！

撥兵前的最後一夜，集合要吃晚餐時，值星官李分隊長說：「今天是你們在士官大隊最後一夜的最後晚餐，把吃奶的力氣拿出來唱！」「男兒立志在沙場，男兒立志在沙場，預備—唱！」新兵都拼命高歌大唱：「男兒立志在沙場，馬革裹屍氣豪壯，金戈揮動耀日月，鐵騎奔騰憾山崗，頭可斷、血可淌，中華文化不可喪，挺起胸膛把歌唱，唱出勝利的樂章，……。」

晚餐後值星官李分隊長集合部隊說：「晚上自由活動，要買菸的現在去買，解散！」新兵都高興得歡呼起來，晚上都在寢室圍著自己的分隊長聊天、吃東西、抽菸，就像是小孩子過年一樣的興奮，整個寢室鬧哄哄，歡樂的氣氛就像電影《監獄風雲》過年時的場景，甜蜜蜜的歌聲響起，一群男生在寢室裡手舞足蹈，「甜蜜蜜，你笑得甜蜜蜜，……，在哪裡，在哪裡見過你，你的笑容這樣熟悉，……在夢裡！」

這十週以來時時刻刻的緊緊張張與規規矩矩，在士官大隊的最後一夜解放了！可惜我剛好站寢室衛兵，站在二樓寢室走道盡頭，看著全隊卻不能與大家同樂，我心想只是拿木槍，爲了要分享大家興奮的心情，我拿身旁同志的菸吸了兩口，結果張分隊長遠遠的就發現了，被叫過去說了幾句！

分隊長表情嚴肅、語氣和緩地說：「你們要下部隊了，憲兵站哨，不能有一點隨便！……！」這雖然比不上平時的嚴厲，也沒有處罰，但是令我很難爲情，我向分隊長敬禮後，乖乖地回去好好站衛兵，看著大家嘻嘻哈哈過了最後一夜。

隔天早上新兵吃完早餐後，就揹著黃埔大背包集合，準備出發，臨別時，我回頭再次向徐區隊長微笑敬禮，徐區隊長站在隊集合場上向我點頭揮手，我看著區隊長的表情好像是在說：「好好的當兵！」長官們也許看慣了悲歡離合，但是我要踏出大門時還是依依不捨，而面對不可知的未來，心裡更是充滿了期待與緊張！

貳、台中中興嶺整訓

一、菜鳥下部隊

台南憲兵隊裡有數十位新兵帶著黃埔大背包席地而坐，等著各單位前來領兵。新兵一看到有人經過面前就馬上起立立正敬禮，並大聲說：「長官好！」唯恐姿勢做得不夠標準、聲音不夠宏亮，可是長官卻說：「這裡不是中心，不要那麼大聲。」有位士官忙碌地走來走去，新兵們也敬禮敬個不停，這位士官邊走邊轉頭看我們一眼說：「不用敬禮了！不要那麼菜（菜鳥）！」

各單位陸續來領兵，當二七一連的李班長來帶我們時，我才知道有七位新兵在同一個單位，一位三三五梯、三位三三六梯、三位三三八梯，都是初次見面。我們看見李班長隨即起立用標準姿勢敬禮大聲說：「班長好！」李班長面帶微笑回禮，比起士官大隊分隊長的嚴厲，李班長慈祥多了。

李班長辦好手續，帶領我們走出憲兵隊，隨即有兩位計程車司機越過馬路走過來問說：「憲兵，要坐車嗎？」李班搖手拒絕。兩位司機離開時自言自語說道：「新兵，菜鳥仔！」新兵撐過了中心的訓練，下部隊還是最菜的！

搭火車到豐原，再轉乘巴士，李班說我們部隊的駐地在台南官田，現在正在中興嶺整訓（整編訓練），回到中興嶺時，營區已經熄燈了！進了大門之後，走沒幾步，李班忽然轉身對新兵們說：「我帶你們跑回連部，不要落隊哦！」李班說完轉身就跑走了，新兵跟在後面跑，我覺得很奇怪，爲什麼要用跑的呢？是趕時間嗎？我們揹著黃埔大背包，氣喘呼呼地跑回連部，李班向安全士官說新兵報到，安全士官溫班問李班說：「你們有衝回來嗎？」李班回說：「有，跑步回來的！」

由於整訓已經驗收完畢，中秋節也到了，所以連上（連部）的同志們都放假去了，只剩下輔導長、溫班、李班、和幾位留守的學長在營。

中興嶺的一天

第二天起床號後，溫班命令三三三梯的阿財學長帶我們七個新兵去跑五千公尺，阿財學長本來是連上最菜的憲兵，現在升級了，有七個新兵叫他學長，難怪他對我們笑臉常開。憲兵的跑步服裝是短袖白上衣、紅短褲、黑襪及白鞋，國軍部隊裡只有海陸及憲兵是穿紅短褲！阿財學長不高也不壯，但是腳步快得很，我不知道這營區到底有多大，但是操場跑三圈半就有五千公尺了！七個新兵都跑完五千，沒人落隊。

第二天班長拿衛哨守則及用槍要領給新兵們背，開始穿草綠服在連部門口站衛兵，我站衛兵時向經過連部門口的士兵敬禮，那位士兵沒有回禮就跑掉了，坐安官（安全士官）的溫班走過來對我笑說：「那個人是阿部，不用向阿兵敬禮，你是憲兵，你向他敬禮，他嚇得跑掉了！」（憲兵稱呼不屬於憲兵部隊的其他陸軍部隊為「阿部」，阿兵是阿兵哥的簡稱。）

七十三年在成功嶺集訓及士官大隊入伍訓都是拿木槍上哨，下部隊後我才開始眞槍實彈的站衛兵，但是第一次拿眞槍的新鮮感，很快的就因爲被安官嚴格地要求站哨姿勢而消失無蹤！我剛好又是左撇子，右手比較沒力，提著六五步槍站兩個小時下來，手酸得要命，腳踝與膝蓋也很酸！然而，我們新兵下哨後，並沒有時間休息！

站哨之餘，輔導長閒著沒事，當自己是教育班長，訓練我們立正姿勢、練眼神、踢正步，因此幾乎每天都從早忙到晚！練立正從此練了兩年，「立正口令」我至今還會背，立正口令如下：聞口令兩腳跟靠攏並齊，腳尖向外分開四十五度，兩腿挺直、兩膝靠攏，上體保持正直，挺胸縮小腹，兩肩宜平，兩手臂自然下垂，五指伸直並攏，掌心向內，中指緊貼褲縫，頭要正、頸要直，收下額，兩眼睜大向前平視。（一零六年起已改五指伸直並攏爲握拳）

訓練立正姿勢是憲兵最基本也最拿手的項目！由於長時間不動，膝關節及腳踝酸得要命！在練立正的同時也要練眼神，輔導長看著手錶盯著新兵的眼睛，看新兵可以撐多久不眨眼（忠烈祠的儀隊至少都可以兩分鐘不眨眼）。在大太陽下，都練紅了眼，流了淚，眞是累啊！輔導長說：「練眼神要練到當你在軍紀糾察時，只要一瞪眼，別人就會知所警惕，馬上改正錯誤。」經過一段時間之後，因爲常常睜大著眼，我發現我已經達到割雙眼皮的效果了，我的眼睛比入伍前大多了。

第一次訓練立正姿勢，一練就三個小時，當輔導長說下課休息時，我覺得舉步維艱，新兵都無法馬上走動，輔導長見狀說：「先不要走，膝蓋動一動，原地踏踏步，不然可能會跌倒！」

剛下部隊的菜鳥新兵，最喜歡做一些老鳥懶得做的打掃、抬水、抬飯菜等工作，因爲打雜比訓練立正輕鬆多了，而勤勞點也比較不會被釘（被電，被修理）。

晚上晚點名後，溫班還命令阿財學長帶我們新兵去拉單槓，學長的手臂並不粗壯，也不結實，但是學長一上槓，擺起身子隨便一拉就十五下，輕巧的手法眞不輸給猴子，下槓之後，氣不喘、心不跳，若沒事似的，讓我們菜鳥非常的佩服。阿村驚訝地說：「學長好厲害哦！」阿財學長搓著掌心長繭的雙手說：「一、二十下算什麼？老學長最多可以拉到三、四十下！」

阿財學長示範完就拿菸出來抽，並指示我們一一上去拉，我們新兵一一拉過之後，這時三三六阿義卻伸手跟學長說：「學長，菸請一支？」阿財學長沒說話，拿出一包香菸，請有菸癮的人抽菸，抽完菸，阿財要我們再拉第二次，拉不動就雙手吊著，拉過兩回之後，已經累了，第三次再上去也拉不動了！

新兵能拉個三、四下就算不錯了，而且還是在槓上賴了半天，姿勢也沒做標準。我想我的體能與戰技都差學長那麼多，以後的日子怎麼過呢！在軍中除了以梯次分階級之外，體能與戰技也很重要，否則學長無法讓學弟口服心服。

二、中秋佳節倍思親

下部隊後若有空，第一個動作就是寫信告訴眾親友，趕快寫信過來。來中興嶺的第一個週末剛好是中秋節，這也是我第一次沒有與家人共度的中秋節。

營部廚房派人來問留守官士兵的人數？中秋節要加菜了，聽說還有月餅可吃，我們新兵都非常高興要加菜了。中秋節晚上我剛好站六八哨（六至八點），下哨後要用晚餐時，發現同志幫我留在餐盤上的菜比平常多了兩塊雞肉，可是我的月餅呢？怎麼不見了？眞是令人失望！新兵人生地不熟的，我也不敢多問，算了！

由於才剛下部隊，班長規定：「還不准抽

菸，也不能去福利社。」因此這一次中秋，我不但沒有月餅吃，想去福利社買個麵包當作月餅吃也不行！我深感身在異鄉爲異客，每逢佳節倍思親的酸楚！

我記得小學時，有一年中秋節我沒吃到月餅，我硬是向父親要了三塊半，跑去離家不遠處的餅店買了一個月餅，把玩了半天，才慢慢把它吃掉！當時覺得過中秋節一定要吃月餅，否則就不像過節，而這種感覺一直持續到長大了還存在，想不到才剛下部隊，從小以來的「月餅定律」就被打破了！

隔天午餐過後，家住台中的三三六梯阿杉的父母親來會客，帶來了許多水果、雞腿和月餅，也招呼留守的同志們一起吃，因爲彼此才認識幾天而已，有點不好意思，不過我還是忍不住拿了一個月餅，終於吃到月餅了！這月餅令人非常地感動啊！

三、離營心聲

連上長官、學長放了四天假回來後，一時連上人多了起來，學長們個個人高馬大，令人覺得非常緊張。兩三位新兵在連部門口轉身遇到連長，因為距離太近，來不及敬禮，也已經錯身而過，連長回頭看新兵一眼，手往地上一指說：「伏地挺身十下！」新兵趕緊趴下做十下，起身後向連長敬禮才離開。

這種處罰在中心常常遇到，已經習以為常，新兵菜鳥不要太有自尊心，做完敬禮就沒事了，不過我還不大清楚發生什麼事？還好只做十下！一位班長過來跟我耳語說：「你們沒有跟連長敬禮！」以後遇到連長一定要敬禮，以免再次被罰！

我們新兵走過寢室時，見人就得敬禮問好，手還得舉個不停並說：「排長好、班長好、學長好、學長好、學長好……。」一直喊個不停，學長們看新兵這麼多禮，常常就隨便點個頭，好像並不在意，我想若是沒有向學長敬禮，一定會得罪人。

新兵來了七位，也有七位學長要退伍了，學長們買了很多洋菸請大家抽「退伍菸」。當我經過一位待退學長身旁時，學長忽然轉身看我，我有些驚嚇，隨即停下腳步戰戰兢兢的立正，向學長敬禮說：「學長好！」

學長拿了兩根菸給我，我不敢收，說道：「報告學長，我們不能抽菸。」

學長問：「你有沒有抽菸？」

我說：「報告學長，班長說新兵不能抽菸。」

學長張大眼不耐煩地大聲說：「我問你有沒有抽菸啊！」

我說：「有！」

學長就塞了兩根菸到我胸口說：「有就拿去！」

我說：「謝謝學長！」

這位好像是三一五梯的學長七十四年十月一日退伍？他的面容我已經記不得了，由他的口氣看來，班長說什麼他好像並不在乎！後來我躲在儲藏室裡，偷偷抽了兩根退伍菸過過癮。

收拾行李準備返回駐地官田，臨行前，連長向大家訓話說：「雖然拿了第二名，但是大家都知道，我們的實力是第一名的，但是假如我們拿走第一名，這裡的長官會很沒面子，中興嶺這麼多憲兵部隊，比不過我們從官田來的小單位，以後他們就不用混了！沒有好日子過了！所以拜託我們讓給他們。」

連長治軍很嚴，五項戰技全連幾乎都拿了滿分！五千公尺全連跑進二十一分鐘之內，這是非常難得的成績，二十二分鐘以內滿分，通常阿部可以跑進二十四分及格就算不錯了；單槓拉二十下得滿分，連上同志都可以拉二十到三十下；手榴彈投擲五十公尺滿分，這也是幾乎全連滿分；五百障礙全連也是滿分，都在兩分半以內跑完；只有打靶的成績比較難以全連得滿分之外，其餘項目得滿分都是連長對同志們的最基本要求。

我來中興嶺才一週就要移防了，連上的裝備不多，兩卡車就可以回官田了，但是軍中規定行程超過幾公里的話，就一定要用火車載運以節省汽油，鍾排抱怨道：「這實在太麻煩了！」先將全連裝備搬上卡車，到了豐原再換火車，火車載到隆田再換卡車載回官田。

（退伍多年之後，遇到官田退伍的學弟，聽他說，官田憲兵有一個傳統，就是歷年整訓的成績優異，得獎無數，新兵下部隊後，長官都會向新兵展示中山室牆上的獎狀，新兵看到這麼多獎狀，都會驚訝得張大嘴暗叫不好！心想這麼多獎狀！以後的日子怎麼過！）

參、駐地台南官田營區（七十四年）

一、當兵事故多

官田營區距離省道約一百公尺的道路兩旁種了大王椰子樹，這椰林大道很美，阿兵每次放假與收假都由此進出，但是兩種心情很不一樣！

憲兵連進了官田營區大門後，消息很快就傳遍了！阿兵們遠遠地看到憲兵隊伍，露出了驚訝的表情，然後就竊竊私語、爭相走告「憲兵回來了！」「憲兵回來了！」憲兵連去整訓的三個月期間，營區大門改由阿部看守，他們可以方便進出大門，也沒有人抓違紀，他們樂得逍遙，但是憲兵回來後，他們就緊張了。

七十三年在成功嶺受訓時，成功嶺已改建完成，新營房的浴室有隔間有蓮蓬頭，廁所有沖水馬桶，是全國最新的營區，泰山堅實營區是水泥磚造，大水池浴室沒有蓮蓬頭，但至少廁所有沖水馬桶，官田營區算是比較舊的木造營房，上下層通鋪，大水池浴室，溝式廁所沒有沖水設備！營房屋頂都已加了鐵皮以防漏水。

火車上的輜重隨後就到，大家都到隆田火車站去幫忙，只有連長和我沒去，因爲我躲在儲藏室抽菸時，被不知名的蟲咬得全身又紅腫又癢，但是我並不能因此就不用站哨了，站哨時不能動不能抓癢，眞是痛苦難當！

幾十個壯丁很快就把憲兵連的裝備擺好定位，經過打掃之後，連長要全連士官兵穿憲兵服集合接受檢查，大家隨即拿出憲兵服去洗、去燙，白頭盔、白腰帶的銅環和皮鞋等都要擦亮，另外還有右肩上的槍肩帶、左肩上的飾緒、領帶、哨子和白手套等，這些都是憲兵身上的必要裝備。

連上只有一台電熨斗，大家排隊燙衣服，老鳥整裝動作快，菜鳥急得滿頭大汗，沒有在連長的規定時間之內整理好，排長已經要集合部隊檢查服裝了，我心想這下可慘了！學長們都已穿好英挺的憲兵服，菜鳥們卻還在忙，沒有憲兵服穿怎麼辦？林班說：「穿草綠服！」

連長在連集合場上一一檢視大家的憲兵服，看到幾個新兵穿草綠服，皺著眉頭怒道：「你們下部隊幾天了？憲兵服還沒弄好！」我心想，連長那裡知道新兵在中興嶺的那幾天都在站哨及出操上課！但是我知道新兵是「沒有理由、沒有藉口的！」（無關犯法的小事，不用計較。）

部隊解散後，趕快把口袋、槍肩帶、飾緒與褲管膠圈的暗扣縫好，這些位置若縫不好，戴上配件就不好看，然而菜鳥要做得好並不容易，所以穿憲兵服者是老鳥還是菜鳥，內行人一看就清楚。

連長命令負責衛哨勤務的林班長說：「晚上六點開始接大門哨及師部哨！」林班在安全士官桌子旁的牆上掛了一個衛哨表，一天二十四小時分爲十二班衛兵，一班衛兵值勤時間兩小時，連上有安全士官、大門及師部三個哨，另外還有交管及車巡共五個勤務，每班哨掛上值勤憲兵的名牌，自己班表自己看，林班大聲說：「班表排好了，自己過來看！」

學長們身高大都在一七零（公分）以上，穿上憲兵服視覺高度至少會再增加十公分，因爲鞋跟有三四公分，帽子又增高七八公分。一位帶班上哨的班長與兩位學長穿好憲兵服（憲兵甲種服裝），五點五十分到安全士官桌準備領槍彈及刺刀，我看學長及班長的衣服燙得筆挺，燙線可以割人，皮鞋光亮如鏡，戴上白帽後（表示值勤中）就必須嚴肅，不能隨便開口講話，更不能笑！

三人走到連集合場的清槍線上，班長發子彈給兩位學長，學長們拿起左輪手槍，裝入四發子彈，把槍放入槍套，三人站好位置後，班長說：「起步—走！」三位憲兵步行上哨！三人腳步一致，走起來很好看，腳步若有錯，也能立即換過腳，這對憲兵來說是很容易的事，憲兵的服裝及走路姿勢都類似儀隊，有些人分不清楚，以爲憲兵是儀隊，儀隊是憲兵。

第二天一早連長派三二九梯陳學長、三三三梯阿財學長、三三五梯阿宇等五人去支援軍部看守所，這支援是固定的，只有整訓或待退（即將退伍）時才會回來連上，聽說這是一個好差事，放假天數比官田多，平常站哨而已，比較沒事，幾乎沒有臨時勤務。

我發現好像身材偏瘦小的人比較有機會去看守所，高壯的要留在連上，因爲站大門管制哨與師部警衛哨的憲兵都是門面，外型也很重要，我們大專兵在軍中屬於少數，大都要接業務，比較沒機會外調，不然我也瘦瘦的！

過沒幾天，二姊來信說：「我九月二十四日回大學看學弟妹，當天雨不小，晚上回家睡一覺就生病了，九月二十六日、九月二十七日連著請病假去八堵礦工醫院急診，接著三天中秋假都在家休養。今天去上班（十月一日）下午接到電話說爸爸上吐下瀉住進礦工醫院，下了班就趕過去，大姊、姊夫、媽媽、娃娃都在病房。聽姊說，她和姊夫趕到病房時，爸爸流了眼淚！咱們家人口少，事故又多，唉！……。」

我看了信之後憂心不已，然而掛念家裡並無濟於事，只好不去想吧！偌大的官田營區只有在大門旁的會客室有一具公用電話可以打，要去打電話還要先跟安全士官報備，剛下部隊哪有時間跑去打公用電話，我還能如何呢！正在出神之際，林班長對我們新兵說：「你們衣服收一收，待會再縫，先去廚房抬飯菜！」

二、又苦又累的菜鳥憲兵

官田營區是陸軍第八訓練中心，負責新兵訓練與後備軍人教育召集訓練。憲兵連直屬於師部，我們是軍中憲兵，勤務比地區憲兵（憲兵隊）單純，只有大門、師部與安官三個哨，還有早晚升降旗的禮兵，一天三班的車巡和假日會客的交通管制，臨時的警衛勤務、支援演習交管、及押解護運勤務等並不多，休假比較正常。

每天的作息是：五點半或六點起床號—自由盥洗—集合早點名—做體操—跑步—打掃、抬飯菜—早餐—上哨車巡或出操上課—十二點集合點名午餐—午睡—集合點名打掃—上哨車巡或出操上課—晚上六點集合點名晚餐—自由洗澡—上哨車巡或出操上課—晚上九點集合晚點名—九點四十五分熄燈號就寢。

下部隊後雖然自由時間比中心多，班長也不像中心那麼兇，但是對於新兵來說還是很忙很累，因爲一天要站三班衛兵，白天兩班，夜晚必有一班衛兵要站，每天都不能睡通宵，一晚大約只睡了五小時，午睡時間又常常要洗衣服、燙褲子、擦皮鞋，所以常常睡眠不足，運氣不好的話，一天還可能排到兩次車巡，平常連部的提水、抬飯菜、倒圾垃和掃地等庶務工作，菜鳥也要勤快些搶著做，才不會被學長釘（電）（修理）！

上哨前要先背「衛哨守則」、「用槍時機」及「用槍要領」，我終於也整理好我的憲兵服，穿上憲兵服憲兵鞋，在整容鏡前自我檢查，覺得有些得意！

在安全士官桌簽名領取自己槍號的三八左輪手槍，我開始實習師部警衛哨，這槍很古老，跟電影上美國西部牛仔拿的左輪槍一樣！每人都有一把自己上哨固定使用的手槍及步槍，自己要記下槍號，這樣的規定比較會愛惜使用與用心保養槍枝。

想起軍訓老師的警語：「槍在，人在；槍不在，人亡！」比喻槍枝的嚴重性，在軍中服勤務，領了槍彈，就要小心，不要槍被搶了，不要槍彈掉了，不要誤扣板機，下哨清槍要確實，不能開玩笑槍口對人！

站師部哨的新兵要趕快記住師部長官的面容，不要叫錯人，熟背長官的車號，長官經過師部大門要敬禮問好並幫忙開門。菜鳥站的師部哨是不能亂動的，尤其是有人在場的時候，要跟儀隊一樣。我剛開始站師部哨時，都拿出標準姿勢不動，站兩個小時下來，非常的辛苦。

站哨最怕內急，每天早上固定上大號，上哨前先去尿尿，這樣就可以避免，萬一臨時內急，班長說可以請師部侍從官通知憲兵安官，會緊急派出機動憲兵去支援站哨，下哨後規定還要繼續穿著憲兵服擔任機動班（處理突發狀況）兩小時，之後才能卸下武裝換穿比較輕鬆的草綠服。

營區每晚就寢後都有不同的識別口令，爲了避免忘記，弟兄們都用原子筆寫在掌心上，例如：「魔術師，電視台，去表演。」衛兵站哨發現有人靠近時，要端槍警戒並大聲問：「站住，口令，誰？」對方回答：「魔術師。」第二問：「去哪裡？」對方回答：「電視台。」第三問：「做什麼？」對方回答：「去表演。」營區夜晚沒有路燈一片漆黑，有時軍官半夜查哨，會故意不答口令想看衛兵如何反應，老兵有見識，會馬上再大聲問口令，查哨官通常就會適可而止，若再不回答，老鳥會拉槍機準備開槍，嚇嚇查哨官！

每晚就寢時間從晚上九點四十五分到隔天早上六點（夏季五點半起床），一個哨至少要有四個人來排衛兵，十點至十二點哨算是好的班，其餘半夜十二點至兩點、兩點至四點、以及清晨四點至六點，這三班哨都是睡一半要被叫醒的，爲了避免半夜吵到鄰床的人，通常安全士官只會搖你小腿小聲說上哨，我們就會認命地起床著裝。

剛下部隊時，有一晚太累，被搖醒後，又不知不覺地睡著，安全士官第二次再來叫哨，就不高興地說：「要叫幾次！」我心一驚，馬上跳起來，看一下手錶，趕緊著裝穿鞋準備上哨，從此之後，每次半夜被叫上哨，就會馬上跳起來，以免又犯同樣的錯！

照規定平常除了站衛兵之外，黃班還要編課程讓沒有站衛兵的人照表操課，我們雖然稱之爲連，但是實際上只有排的兵力而已，連上扣掉支援的、放假的、上哨的、機動的、車巡的，常常只剩下小貓兩、三隻，而且都還是剛下哨的，因此連長就睜隻眼、閉隻眼，並不會要求太多。

但是不管你是站半夜還是站中午十二至兩（午睡時間），白天是不能補眠睡覺的，因爲連長認爲我們沒有照表操課就算了，怎能大白天睡覺呢！所以老鳥有空檔就拿著「革命軍」（政治教材）坐在教室看書兼休息。（聽說八十年以後，有些單位已經有補睡的規定，讓半夜上哨的人，可以在白天補睡。）

晨跑

官田跟中心一樣，每天早上固定伏地挺身及跑步，晚上固定伏地挺身及打拳，有時候早上跑完五千公尺，又剛好要接八至十的哨，那一套憲兵服穿一次就完了！因爲跑步後滿身大汗穿上憲兵服，那衣服能不洗嗎？因此有時候我就偷偷地去沖個涼，以免弄髒衣服。出操上課後要上哨，也是同樣的道理，我常常拿出在中心的速度快速洗澡，因此有時候我一天就洗了兩、三次澡。

憲兵的服裝儀容一定要做到完美無缺，否則如何以身作則？大家也都會自動自發做好服裝儀容，否則就會被班長釘！而且一穿上憲兵服，便絕對不能有一點隨便，言行舉止都有一定的規範，一戴上白帽子（表示服勤中），就要表情嚴肅，不能有任何笑容，否則林班就會訓斥：「穿上憲兵服還在笑！」因此一般人很難看到憲兵的笑容，我們菜鳥剛下部隊，看到班長及學長都很嚴肅，更是不敢笑。

當菜鳥憲兵雖然又苦又累，但是我一穿上帥氣的憲兵服就覺得既威風又神氣！而我們的勤務也比阿部來得新鮮，車巡與交管都很有趣。

三、車巡與交管

不論騎機車或開憲兵吉普車（白車）出去軍紀糾察，連上都稱之為車巡（退伍後聽說騎機車改稱為機巡，開白車或警備車才稱車巡。）連上規定早上站六八哨（六點至八點）的人負責早班車巡，中午站十二兩（十二點至兩點）的人負責下午車巡，下午站四六哨（四點至六點）的人負責晚班車巡，一班車巡的巡邏時間大約三至四小時，本連負責的區域從新營到新市，管區很大很廣，涵蓋大半個台南縣的面積。

白天騎機車，晚上開白車，通常一班車巡由四人組成，若兵力不足時至少也會派兩人出去車巡，因為軍紀糾察不能中斷，其中會有一名士官或上兵負責帶隊。

對軍人軍紀糾察時，由班長及學長出面請對方出示證件，另兩位學弟就負責現場的前後警戒，黃班說：「注意前後車子，不要讓人靠近。」班長沒有明說的是：「小心歹徒攻擊我們並搶奪槍彈！」那年代已經發生過幾件殺警奪槍及衛哨失槍的命案！車巡外出，班長一再叮嚀時時注意自己槍枝，所以我們右手自然習慣性地握住槍身，並隨時注意有無人車接近我們！

官田是鄉下地方，車巡常常遇不到官兵，一看到官兵一定會上前檢查補給證及休假單，再看看服裝、頭髮、甚至指甲，都沒違紀就不記，所以阿兵外出放假或洽公都會注意服裝儀容。

菜鳥一天到晚待在營區裡很緊張，有機會能騎車出去逛逛、看看風景，心情好多了，通常連長並不會給「業績」壓力，但是若一班車巡出去，都沒有記半件違紀回來也是不行的，負責此項業務的林班會睜大眼大聲罵說：「你們跑出去混！」帶班的黃班無辜地說：「都沒看到人（軍人）啊！怎麼記？」

我們車巡都會先去隆田、新中、大內三個營區走走，然後再到新營、六甲溜溜，要是能記一、兩件違紀，就能交差了，就打道回府！若還有時間，就會去離官田不遠的烏山頭水庫逛逛，看看湖光山色，看看遊客，等到時間差不多了才會回營區。雖然菜鳥下部隊很辛苦，但是我馬上發現車巡還不錯，可以到處逛逛，還可以去水庫！

聽學長說：「阿兵若被記違紀，週日早上要出軍紀操。」上基本教練的立正、稍息或出公差打掃，中午過後才能放假外出，本來每週休假一天變成半天，部隊長官也怕太多違紀會影響他們的考績，所以阿兵一見到憲兵就跑！通常阿兵沒有明顯的違紀或犯法，憲兵不會跑步去追人。

交管（交通管制）

官田營區位於省道旁，當年省道只有兩線道，現已改爲四線道，週日新兵會客時，憲兵連要加派三位憲兵在省道上交管，等於多出三個哨，常常早上站八十哨，才剛下哨，休息十分鐘，馬上又接交管哨！交管哨一班也是兩小時。

當年省道路口還沒裝設交通號誌，全靠憲兵指揮。「交通指揮手勢」是憲兵必修的一門專長，憲兵的指揮動作不能隨便，哨聲要吹得結實有力，不能像車掌小姐那樣輕聲細語，我第一次站交管哨時，心裡非常緊張，我看交管台上三三一梯阿亮學長好像是樂隊的指揮者，雙手輕描淡寫就把人、車指揮得很順暢。

交管哨三人都要輪流上台指揮，黃班對我說：「阿曜，等一下換你上去指揮。」兩線的省道上車水馬龍，令人非常緊張，但又不能拒絕，我面有難色，黃班說：「我們會幫你看車子。」

我站上五、六十公分高的交管台，用力吹起哨子：「嗶—嗶！」比出左右來車通行手勢，省道上車子很多，道路兩旁的家屬有幾百隻眼睛都在看我指揮，等著要過馬路，人潮越聚越多，後來在黃班的指點之下，我學會在車輛稀少時，吹起一長音並高舉雙手擋下左右來車，站在省道兩旁的黃班及學長也機警地舉手擋下左右來車。經過幾次人、車交會的指揮之後，我們三人很快建立了默契，我很快進入狀況了，而且覺得把人、車疏通時，很有成就感！一人指揮四十分鐘，兩小時的交管哨算是輕鬆的勤務。

晚點名

晚點名時唱憲兵歌：「整軍飾紀，憲兵所司，……。」然後由連長訓話，晚點名結束要解散前，林班總是舉起右手高聲招呼：「三二九梯以後的留下後來。」上兵老鳥解散了在一旁聊天抽菸，二兵及一兵常常被留下來機會教育或訓練體能，直到快熄燈了才能解散！這留下來對剛下部隊的菜鳥是需要的，菜鳥什麼事都不懂，班長每天提醒，或是交代一些勤務上需要加強或改善的地方。

有一天晚點名後，排長命令開槍櫃，要練習刺槍術，綠色槍櫃上噴了白色警語：「遺失械彈送軍法，盜賣械彈處死刑。」我們七位菜鳥跟不上學長們的刺槍動作，排長命令學長一對一教導新兵刺槍術，學長人多，我分配到兩位上兵學長教我刺槍術，一位壯碩的學長示範刺槍術「原地突刺」，學長說我刺出去沒力量，好像把槍拿出去、收回來，不會用力刺就多刺幾次，連續幾次「原地突刺」下來，我已經滿身大汗，旁邊另一位瘦高學長說：「讓他休息一下！」壯碩學長聞言就說：「好，休息一下！」一直端槍的我這才改爲持槍，瘦高學長跟我說：「槍放下，放地上！」休息一兩分鐘後繼續練習「原地突刺」，學長還是不滿意我的動作，不久，我端槍的雙手已經有點發抖，又滿身大汗，瘦高學長又開口說：「讓他休息！」壯碩學長反駁說：「才休息過又要休息！」瘦高學長說：「他滿頭大汗！」這時已經快熄燈了，値星官集合大家收槍，我終於解脫了！經過一段日子的訓練後，我才慢慢抓到刺槍術的訣竅。

我們菜鳥憲兵目前在連上是地位最低的，但是在師部裡，卻有較高的地位，因爲我們是軍中警察，所以一般的官兵常常找我們打屁套交情，而我們憲兵也常接觸高階的軍官，中校以下的軍官，我們都有權登記違紀，因此有人形容憲兵是「見官大三級」。

有一天晚點名後，坐安官的林班接了電話後說：「快點，快點，後門哨通報有人闖關。」兩位車巡剛回來的老學長迅速著裝，跑步去把闖後門的阿兵抓了回來，阿兵在安全士官桌旁邊面壁立正，學長嚴厲的訊問阿兵說：「想溜出去啊？」阿兵哭喪著臉說：「沒有啊！」學長嚴厲地說：「沒有？要就寢了你還要去哪裡？」「站好！」並利用糾正阿兵的立正姿勢時，輕輕拍了兩下手背，學長說：「手不會貼好？」

聽說以前阿兵被抓回憲兵隊後會被修理，不過軍中已禁止幹部打新兵，也禁止罵粗話，憲兵當然也禁止動粗了。

便服闖關的阿兵

阿兵放假時都喜歡穿便服，因爲這樣可以避過憲兵的耳目，也比較不會被軍紀糾察，但是爲了防止逃兵與軍紀敗壞，當年規定軍人外出要穿軍服。

有一名身材魁梧的阿兵穿便服來官田營區會客，他硬是不肯承認是軍人，結果站大門的學長就通知機動班憲兵去大門帶人回連部，該軍人報他弟弟的名字以求脫身，這招已是老套，林班就打電話到警察局要驗明正身，該軍人在我們連部大聲說：「我不是軍人嘛！我騙你幹麼？……。」

輔導長從輔導長室走出來嚴厲地說：「誰那麼大聲？」該軍人還在自言自語，而我們還沒有驗明正身之前也不敢有所行動，幾個老鳥怒目而視，也不知道怎麼辦，這時輔導長背著雙手，瞪起大眼怒道：「管你是不是軍人！這裡是憲兵連，讓你在這邊撒野啊？」該軍人這才安靜下來，最後他被記了穿便服違紀才得離去。這是我剛到官田所發生的事，而輔導長的嚴峻神情也讓我開了眼界。

四、憲兵最累的勤務

國慶日一到，照往例，連部又收到「停休戰備，機動待命！」的公文，全國的憲兵又要停止休假了！連長認為我們官田鄉下地方不會有什麼大事，還是讓大家偷偷的放假，但是我們新兵剛下部隊，要一個月後才能開始排假。

解嚴前後的憲兵部隊幾乎是遇紅就停休（國定假日在日曆上是紅字），如果部隊停休，將來很難補休，排哨也是問題，停休也可能會引起士官兵的情緒不穩，所以能正常排休最好！

當國慶開始進行時，連上有空的弟兄都守在電視機前看轉播，平常我們是不能開電視的，也沒空看，總統的一舉一動與現場的安全警衛情形是大家關注的焦點，蔣總統呼完口號，返身走進總統府之後，平常不苟言笑的連長對排長笑道：「總統府憲兵可以鬆一口氣了！」排長也笑說：「對啊！最怕有狀況，那不緊張死了！」

看完總統演說，我們也鬆了一口氣，全國的憲兵大概都會有這種感覺。國慶日這天，需要很多憲兵兵力，總統府四周派出去的哨，幾乎是沒有在換哨的，聽說早上四五點就起床了，七八點開始上哨，一直站到中午十二點左右國慶結束都沒有換哨，大約要站四五小時，若是不能亂動的哨，兩腳會僵掉，下哨可能要人來扶。憲兵都年輕力壯，可以不喝水、不尿尿、不換哨，但是非常的辛苦，勤務又很緊張，怕出狀況，因此國慶日可以說是憲兵最累的勤務！

下部隊沒多久，輔導長就找無黨籍的新兵入黨，後來輔導長好像要調職了，就不再提入黨的事。有一天我們看完莒光日的電視教學之後，搬桌椅到連集合場旁的大樹下分組討論，天氣好，藍天白雲，綠樹成蔭，營區很像是森林公園，莒光日總是比較輕鬆愉快，輔Ａ（輔導長）向大家親切地說：「輔導長要調指揮部了！」時間過得很快，兩年一到職業軍人就要調職了，我們兩年一到就退伍了！新輔Ａ是正期班憲兵科出身，長得又高又帥，看起來人很好，常帶笑臉，平易近人。

五、支援軍部

回官田不到兩週，軍部來公文要我們支援五個人到軍部憲兵連報到，因爲七十四年十一月十六日的縣市長選舉快要到了，軍部憲兵連被調去支援「鎮暴」了。（解嚴後「鎮暴」改稱爲「處理群眾事件」、「處理違常事件」、「處理陳抗事件」等。）

連部兵力有限，只好派出最菜的憲兵去支援，連長令三三三梯老莫、三三六阿杉、阿義、三三八阿村和我五人去軍部支援，並訓示此行，來日苦多，應該沒什麼假可放！連長說：「既然要我們支援，那邊的勤務一定不輕鬆，沒什麼假可以放，你們去軍部，要聽長官的話，一切要小心，不要出事了！」連長念我們已經下部隊半個多月了，下午放我們半天假去新營走走。莫學長的綽號來自當時的一部電影名稱「老莫的第二個春天。」

我們五個人到新營火車站之後，在附近街道走走，覺得實在沒什麼可逛的，隨便走走，吃個晚飯，就回官田了。吃晚餐時，阿村不願在火車站附近的店家用餐，阿村說：「越靠近火車站越貴！」我開玩笑說：「越遠越便宜？」阿村說：「對啊！」阿杉笑說：「那我們走遠點，看能不能免錢！哈！」

回到營區時，因爲收假時間未到，我就坐在營區大門椰林大道對面的公車站牌裡，看著這嘉南平原的一片寂靜，而天上的牛郎織女星，也漸漸下沉到地平面了，暑氣也要消了！

天蠍座的主星「心宿二」，在黃昏過後不久就西下了，詩經說：「七月流火，九月授衣。」短短八個字就說明了天象、氣象與人的關係，七月時的心宿二星像流星一樣快速的向西沉去，而從九月起，天氣轉冷，就要加衣服了。國慶過後，正是古人說的農曆（夏曆）九月，而天氣也眞的轉涼了！

有一部路過的計程車停下來，司機問我說：「要不要去新營？」我搖頭揮手說：「不去，我要回營區了。」司機望著師部大門，沒有立即離去，這時有一位瘦高的野雞車（白牌計程車）拉客黃牛走向計程車，黃牛向司機說：「昨天有一台計程車也在這裡拉客，被我們修理了！這裡是我們在做的！」司機懷疑公車站牌怎麼會變成計程車車行，看了公路局站牌上寫的「官田」兩個字，向黃牛說：「這裡是你們的車行？」黃牛瞪大眼嚴肅道：「對啊！官田這附近都是我們在跑的！」另一位矮胖的黃牛也走過去助勢，司機說：「歹勢（對不起），我不知道。」然後就放空車往新營離去。

黃牛看我頭髮短短的，發現我是憲兵，就走過來跟我聊天說：「憲兵很操？」，我也隨便說說：「對阿，憲兵很操、學長很嚴，壓力很大！」黃牛聽了之後，卻大罵起老鳥吃菜鳥來了，還說：「以後常來坐，我們都是好朋友。」

黃牛在公車站牌旁邊用木板釘了個簡陋的亭子，擺一張小桌子，兩條長板凳，再拉個燈泡，就占地爲王了，黃牛也想多認識幾個憲兵，以後拉客才方便。

來官田不到一個月，又要打包準備啓程了！不過這樣也好，因爲我看到連上長官及學長覺得很緊張，能去支援也許不錯。

肆、支援嘉義軍部

一、升旗手的故事

軍部位於喜義中學的對面，離市區很近，人車往來也比較多，比官田師部熱鬧多了。軍部憲兵連去支援鎮暴，官田憲兵二七一連來此支援外，大林憲兵二八三排也來了五個人，我們主要的任務是負責看守軍部大門，偶而也要車巡。

軍部大門留守的憲兵有一名一六八期的士官，一名三二五梯大專預士和幾名上兵老學長，我看到上兵學長依然覺得緊張，但是我們來者是客，他們並不會對我們疾言厲色。

大門還有一個老士官長，講話口音很重，大概是中原人士，常常聽不懂他所言爲何。老士官長大都是三十八年跟軍隊來台灣，服役已經三十多年了！在營區裡的地位雖然不高，但是軍官會敬重他們的資深，平常好像也沒有什麼勤務，沒有家庭的話，一個人很孤單。

然而老士官長會講一些想當年，老士官長說：「憲兵升旗手把國旗升上去之後，旗子竟然在眾目睽睽的升旗歌聲中掉了一半下來，原來是國旗沒有綁緊，結果升旗憲兵被抓去關了！」士官長笑著說故事，我們聽到「關」就笑不出來了！從此以後，每天早上的升旗手任務，就變成大家最害怕的勤務了。

有一位上兵學長綽號叫帥哥，人長得帥又風趣，軍部憲兵每個人都留了頭髮，不像我們只能理三分頭。有一天早上老莫與二八三排三三六梯的小黑相互推託，誰也不願意去當升旗手，這時帥哥剛好走進大門警衛室，看到這情形，他又看了一下手錶，升旗時間只剩下六七分鐘，帥哥問說：「到底是該誰？」帥哥看老莫與小黑都不說話，我想帥哥大概要發飆了，結果帥哥並不罵人而是主動迅速著裝，就在剩下兩分鐘的時候，我與帥哥匆匆走上升旗台，帥哥在國旗的上下方各打兩個結，我一直擔心升旗時間已到，萬一播音室放起國歌，我們還沒綁好國旗怎麼辦？就在我們四手拉開國旗的同時響起了國歌！唱完國歌後唱國旗歌，我們就緩緩地把國旗升上去。我上一次擔任升旗手好像是在汐止海星幼稚園……。

帥哥升旗回來後，並沒有發怒，而是招集大家，教大家如何綁旗、綁緊。帥哥看起來樂天知命，最近時常邊走邊唱著齊秦的新歌：「給我一個空間，沒有人走過，感覺到自已被冷落，……。」雖然帥哥聲音有些沙啞，唱得不是很好，但是唱得有點忘我，我也感染了他的樂觀態度，也喜歡唱這首新歌「原來的我」。

二、餐廳警衛滿桌星

設置餐廳警衛的起因，據說是因爲有一名士兵在餐廳開槍，這好像是一件學長學弟之間的積怨而引起的！部隊管理不善，單位主管要負很大的責任！從此之後，軍中用餐時都要派人在門口警衛，兩名武裝憲兵分站餐廳的前後門，依規定上校以上的軍官進出門口時，我們還要幫忙開門，有時我也幫中校開門，反正站著沒事，舉手之勞而已，中校們受寵若驚，常常笑得非常開心地向我回禮。

軍長是中將，中等身材，像慈祥的阿貝，同桌吃飯的軍部長官共有六、七顆星星，可謂是滿桌星，通常阿兵大概很少有機會同時遇到這麼多的星星。官田用的手槍是三八左輪式，隨時舉槍即可擊發，在軍部使用的是四五手槍，但是子彈沒有上膛，如有急事，可能還不如左輪來得實用，況且左輪有一個好處就是不會卡彈。（八十三年起九〇手槍取代了三八與四五手槍。）

餐廳旁有一顆橄欖樹，長得像大榕樹一樣，也長滿了橄欖，這種兒時的零食，至今我才知道橄欖長在樹上！聽說日據時日本兵不適應台灣炎熱的天氣，常常腸胃不舒服，會吃一些橄欖來幫助消化，因此這營區才種橄欖樹吧？

看完長官吃飯，我們才能回大門吃冷飯菜，軍長常在飯後步出門口時，以親切的笑容問我說：「吃飯了沒有？」我第一次被問時，一時答不出話來，第二次我就回答說：「報告軍長，不餓。」軍長聽我回答後，對我點點頭微笑，大概也是一種嘉許、讚賞吧！

以前在中心時，若有長官蒞臨，我們不能說苦，也不能說不苦，要說不怕苦。我說「不餓」也是同樣的道理，我說吃過了，或說還沒吃，都不如說不餓。

其實在軍中的用餐時間極為準時，慢個半小時何嘗不餓，我們在用餐時間出勤務的人，都由其他弟兄代爲打飯菜，有時菜留多了，覺得很溫馨，有時菜少了，就覺得同志沒意思，沒給辛苦出勤的人留些好菜，資格老一點的學長有時候看菜少了，就會抱怨，其實有時候本來菜就不多，不過有時候是忘了，或是弄錯了人數，就只好把一些剩菜湊一湊數了。

軍部後門養有小豬，我們的剩菜都餵給豬吃，因此豬仔看我們提著桶子走近時，都會大叫起來，並互相踐踏爭食，在軍部的餵豬經驗，也是前所未有的。

三、軍部大門哨

軍部大門的勤務有兩名警衛哨、一名管制哨與一位安全士官，我們菜鳥只能站比較辛苦的警衛哨（不能亂動），而比較輕鬆可以走動的管制哨是由經驗豐富的老鳥擔任。

初到軍部時，一六八期的中士陳班長就拿軍部大門的衛兵守則與六十幾個車號要我們背，我一看除了軍部長官的車號之外，還有嘉義縣市各單位的車子，阿杉向我搖頭說：「這麼多那背得住！」陳班說：「總統府有幾百個車號要背你知不知道！」帥哥看我們在背車號，就向我們介紹某某人的進口轎車身價幾百萬，什麼凱迪拉克、別克、賓士、BMW 等等，說了一大堆。我對車子的名稱並不熟，但是一部車子幾百萬，實在駭人聽聞，有的人竟然還不止擁有一部車子！

阿杉對車子的名稱頗有研究，他說：「凱迪拉克、別克、雪佛蘭、龐帝克與奧斯摩比斯都是美國同一家車廠的車子。」我雖然與這些美國進口轎車有很遙遠的距離，但是我很努力的背下各種車型、名稱、排氣量與年份，因爲要擁有車子既然不易，就只好以懂車自娛。

站哨時如果看見有人車要進出大門，首先發現的衛兵要用槍托在地上輕輕敲一下，並改成端槍，用來提醒管制哨學長。若有軍車經過大門前的馬路，我們會先立正，用以警示其他人，然後哨長下口令，三個人才一起敬禮，軍車副駕駛座都有軍官或士官押車，如果是阿部下士押車，我們並不敬禮，中士以上才敬禮，大家眼力都好，遠遠地就能識別軍官與士官領角上的階級。

大門的哨亭有五六十公分高，聽說以前有人打瞌睡跌了下去，還好沒有被自己手上的步槍刺刀刺傷。其實各地憲兵都差不多，勤務繁重、休假少、睡眠不足，常常會體力不支！

站警衛哨不能亂動很辛苦，站久了就覺得很無聊，有人開玩笑說可以背唐詩三百首，有人說可以練吐納氣功，只要外表看不出來就沒人管你，不過最重要的是不要出包（出錯）。

我們也常常數著馬路上來往的車子、行人以消磨時間，若是帥哥站管制哨的話，我就會請教他各式車子的名稱，他甚至對車價都一清二楚，有一次他指著路過的車子說：「這台要上千萬！」我想，天啊！上千萬的轎車，難怪有些人對轎車又羨又畏！我還跟帥哥學了一套「花式」的交通指揮手式，指揮起來不再硬死死的，很有變化，也很有趣。

大門附近的民家有一位小妹時常騎腳踏車到大門來閒逛，有時還拿信要我們轉交給帥哥學長，我們都很羨慕帥哥有妹子倒追，我向帥哥笑道：「學長走桃花運哦！」，帥哥皺著眉說：「什麼桃花運！有夠三八！」帥哥總是說三八，不過還是去赴了約會，只是不知道後來有沒有結果。

老士官長的妻女

有位老士官長不知是軍部什麼單位的，平常很重視禮節，通常老士官長看了年青的軍官不會敬禮，而我們士兵看到了老士官長也很少敬禮，一般的老士官長也不會在意。有一次阿義沒有向他敬禮，被他訓了一頓，老士官長叫住阿義，指著自己的領章說：「我也是憲兵科的，你不向我敬禮？」從此以後，我們看了他就一定會敬禮。

有一天這位老士官長向大門站警衛哨的阿杉說：「待會兒我太太要來，幫我注意一下，到時候通知我一聲，謝謝！」我上哨時，下哨的阿杉把這件事交接給我，我站沒多久就發現有一對母女撐著傘，沿著軍部圍牆走過來，我想她們一定是了，她們在離大門十公尺處停下，好像不敢走過來，我就揮手示意她們走過來沒關係（通常營區大門是不准有人靠近），結果她們看了我的手式之後，大概誤會成我是在趕她們走（因爲揮去與揮來的手式差不多），她們倆抱得更緊，而且還退了幾步，我趕緊通知安官叫士官長快來，不久士官長出現了，笑著向我揮手道謝，親切地帶走了他的妻女。

有學長說：「老芋仔（外省來台的老士官長）大都娶不到老婆！」老士官長隻身來台，若沒結婚很孤單，老了就住進榮民之家，若結了婚就比較好，但一般來講，這些民國三十八年隨政府來台灣的老兵都比較弱勢，需要國家長期照顧。

大家樂

軍部大門的地勢較高，站哨時常常看到嘉義市區裡有人放煙火，但是中秋已過，新年未到，是什麼節日？還是民間什麼宗教的慶典呢？怎麼會這麼頻繁呢？住台中的阿杉說：「那是中大家樂的人放的煙火，聽說台中有一位的小孩會出名牌，還中了好幾次！也有很多人去問碟仙、問土地公……。」這些奇奇怪怪的事，後來都拍成了電影。

三年兵與參謀長

我們來此是客，班長與學長並不會對我們太嚴格，所以日子過得比較輕鬆，有時候午睡會睡過頭。有一天我們午睡睡到一半，三年兵的上兵阿聰學長叫我們二七一連與二八三排的支援憲兵全部起來集合，我看手錶還在午睡時間之內，營區也都靜悄悄的，但又不敢多問。

阿聰學長帶大家到寢室外集合，然後說：「伏地挺身預備。」大家趴在地上都不知道什麼狀況，阿聰學長說：「伏地挺身二十下！」大家做了二十下之後，撐在地上聽阿聰學長訓話：「士官長年紀那麼大了，你們也不會讓給他坐，我看了我都吃不下！……。」

軍部大門憲兵用餐沒有固定地方，只有一張摺疊方桌及幾張板凳，飯菜抬上來，我們支援憲兵就自己盛飯夾菜一起吃，也沒注意老士官長沒位子坐！從此之後用餐時，我們就會注意士官長與學長是否有座位，若位子不夠，我們就夾兩個菜，站到旁邊去吃。

我到軍部不久，有兩位常士下部隊來大門報到，三年兵阿聰學長已經服役超過兩年半，比常士還早入伍，可見三年兵在部隊裡有多資深！阿聰學長向兩位常士說：「你們在士校兩年半，那我當兵比你們還久！」常士點頭而不答話。

深秋的寒意常使得我們的睡意轉濃，有時候午睡睡過頭，安全士官不管我們，我們就繼續睡，有一天我們午睡睡過頭，我看大家都還不起來，我就跟著繼續睡，這時少將參謀長卻從後門進來，站在寢室走道大聲斥責：「現在幾點了，你們還在睡！……。」訓了大家一頓！從此之後，我們就不敢多睡了，不然我們常常暗爽多睡就多賺了，我們在軍部最怕的就是參謀長與阿聰學長兩人。

四、車巡軍紀糾察

到軍部一段時間之後，陳班說上級長官要索取軍紀糾察的資料。我們便開始不定時的車巡了，可是我們兵力有限，所以只有兩個人一部機車出巡。嘉義憲兵隊最近又撥下了一部新天王星，有時他們會經過我們軍部大門，帥哥說：「新天王星開前面，舊天王星開後面，很拉風哦。」

有一天陳班帶我去車巡，在嘉義市區裡找不到阿兵，陳班說：「我們去（嘉義）車站。」，我們在車站旁的公路局售票窗口附近停車，我看到很多阿兵在排隊等車，陳班是一六八期憲兵中士，已服役兩年，是當時憲兵的主力幹部，我卻是掛菜二兵臂章！

車巡在外首先要顧好自己的手槍，陳班走近排隊隊伍，我跟在後面警戒，本來隊伍凌亂、抽菸說笑的士兵們立即安靜排好隊伍，並將踩熄的菸頭撿起，憲兵中士算是不小的官了，阿兵們用緊張的眼神看著我們，陳班選了一位軍服比較舊比較髒的阿兵，說他軍服太髒，丟給我記違紀，然後繼續一一檢視每一個阿兵的服裝及軍靴，阿兵眼神哀怨，不敢辯解，令人有些同情，但是想到長官來大門要軍紀糾察的資料，我們也只好記一些交差。

登記違紀的原因有很多種，憲兵首先會查看補給證、是否有假單、禮貌不周、服裝儀容不整（如沒戴帽子、扣子沒扣、捲起袖子）、穿便服（當年還是禁止的）、頭髮太長、指甲太長、皮鞋太髒、吃檳榔、邊走邊吃、騎機車等等，所以阿兵被憲兵遇上了，很少不登記違紀的，而憲兵有「業績」的壓力，不抓也不行。當我還是菜鳥時，由班長或學長帶班車巡，攔下阿兵時，我都是擔任前後警戒，要去哪裡軍紀糾察，遇到阿兵要不要記，我都沒有決定權。

收音機

有一天晚上就寢後，我看到學長在偷聽小收音機，體積只有香菸盒的大小，耳機線兼作天線，立體音很清楚，後來我放假時也買了一個，就寢後，覺得無聊時，就在睡袋裡偷聽電台廣播，聊以解愁，私人收音機在軍中是禁止的，大概軍方怕官兵偷聽對岸廣播，我們憲兵進出大門方便，所以很多人都買了收音機，有空時就偷聽歌。但是過沒多久，大家就不聽歌了，因爲每晚有夜哨要站，就寢後，很快就睡著了。

蘭潭晨跑

軍部營區的面積不大，沒有操場可以跑步，我們要跑步就要跑外面馬路，有一天早上帥哥心血來潮，帶著大家去跑蘭潭，我們很高興可以到外面跑步，趁機看看軍營外面的世界，所以我們都跑得很起勁，跑到蘭潭後，迎面走來幾位女生，帶隊帥哥轉頭看著我們下命令說：「向左—看！」大家都微笑一起轉頭看左邊小姐一眼。有時候晨跑去中山公園，回程時，在早餐店吃一些軍中沒有的各種早點，只要能到外面走走，吃點東西，對在營服役的阿兵哥來說，都是很大的幸福啊！

晚餐後若有空也可以外出跑步，有時候兩三個人一起跑，一個人也可以，我們換跑步服裝外出，年輕力壯隨便跑一兩公里猶如走路一樣並不會喘，有時還順便到處逛逛，曾經跑到文化路去逛一下夜市，去回憶老百姓的生活情形，熱鬧的街道，霓虹燈閃爍，逛街的男女老少好幸福喔！有一天聽說嘉義女中有晚會，我穿紅短褲也跑去湊熱鬧。我們也常到福利社去打撞球，只要按時上哨，就寢後不爬牆（出營區），陳班就不會管我們，這裡的生活比官田好太多了，簡直就樂歪了。

敵暗我明

每天天黑後不久，軍部大門就要關了，大門外面還擺了幾個拒馬，拒馬之前又舖了幾條雞爪釘，而我們改採遊動哨，可以走來走去，比白天輕鬆多了，有時兩位衛兵會走近講話或閒聊，依規定「併哨聊天」是不行的，兩人要分開站，隨時要注意四面八方的動靜。

有一晚我正和老莫講話時，大門對面有一些人聚集，還有一部車子的大燈照向營區大門，我馬上與老莫分開站立，老莫立即大聲斥責他們說：「幹什麼啊！」但是大燈沒有移開，老莫就吹起哨子，拉起槍機示警，我也掩蔽在哨亭後，並準備用槍，因爲我們被大燈照得什麼都看不見了，結果車子就開走了，大門安官也跑出來了，問說：「什麼事？」當年的走私槍枝很多，敵暗我明實在很危險，隨時都要準備開槍還擊。

放假——逾假

來軍部一週後，陳班就開始讓我們放假了，眞是太棒了，連長還說沒假放！下部隊後第一次放假，有一天半的時間，我決定趕回台北看看家人，軍部離嘉義車站不遠，走路或跑步過去都是很輕鬆的事，搭「錦義公司」的遊覽車北上，一路上欣賞田園風光及一些大小城市，不久就到台北了！離家又一個月了，這次是臨時放假，所以家人不知道，我午夜回到家裡，睡了一覺，早上起來告訴母親說：「中午吃過飯就要回營了。」母親說：「怎麼剛回來又要回去了？」我有一早上的時間，我就聽聽熱門音樂，看看以前學生時代的照片，時間很快就過去了。

家裡到汐止車站的路程大約要走十五分鐘，我跑步到車站不用五分鐘，而且都不會喘，好像走路去的一樣，入伍已經四、五個月了，每天的晨跑已經讓我變成跑步健將，這體能若是回去專科參加運動會，應該會得前三名！令人很有成就感！

台鐵及國光號的車票老是買不到，而野雞遊覽車十五至三十分就有一班車，可以隨到隨上很方便，而司機喜歡開快車也符合了阿兵哥趕時間的需要，台北到嘉義二個半小時就到了。回軍部時，站大門的老莫說：「你逾假了！」我很懷疑怎麼說我逾假呢？陳班說我弄錯了，只放一天而已！我頓時不知所措，而陳班看著電視不再理我，我只得向坐安官的帥哥求助說：「學長，我怎麼辦？」帥哥也在看電視，隨口說：「沒關係啦！」就不再說話了。

我雖然沒有受到處罰，但是我覺得很不好意思。回到寢室後我發現憲兵鞋不見了，找了半天找不到，帥哥跟我說：「班長拿去穿。」從此我就染上了香港腳，由於長時間穿著不通風的長皮靴，病情迅速惡化，雙腳八個指縫都裂得很深，走起路來痛苦不已，但是痛也只有忍著！後來紅藥水擦了幾瓶之後，病情才得好轉！

五、停休戰備、機動待命

選舉活動開始之後，街上就變得很熱鬧，宣傳車也到處可見，走法律邊緣的集會遊行也時有所聞。而長官也特別交待我們不要隨便外出，若車巡遇上了群眾聚集，就要馬上離開現場，因爲我們很可能會被攻擊，所以這段時間我們也不敢外出亂跑。

學長說，通常警察比較會被攻擊，憲兵則較少。同志之間也聊了一些買票、作票的話題，聽說出來選的人除了要有錢之外，也要有點背景，而最近的莒光日政治教學也強烈地批判黨外與台獨。

選舉前後兩至三天，共約一週的時間是我們憲警最累最辛苦的時候，不但停止休假，還要一天到晚機動待命，因爲選前黨外人士會有很多的集會遊行，有時會發生意外事件，選後也常常會有示威抗議，一直要到選後三、四天，熱潮退去後，沒有狀況，我們才得休息。選舉後第三天，去支援鎮暴的軍部憲兵連回來了，我們就告別長官、學長回官田了。

第十屆縣市長選舉，與省市議員選舉在七十四年十一月十六日舉行，這是戒嚴時期最後一次縣市長選舉，其中宜蘭縣、彰化縣、嘉義市、高雄縣等由無黨籍人士獲勝，其餘皆由執政黨勝選。陳水扁這次在台南落選了，但是在十年之後，當選了台北市長。

我們回官田後，連上才鬆了一口氣，因爲又有幾位老學長退伍了，兵力來不及補充，三個人釘（站）一個哨，站兩歇四，下哨後不是去車巡就是當機動班（待命），一天到晚幾乎都穿著武裝憲兵服，夜晚三個人卡八小時，一人要站二小時四十分鐘，只能睡五小時左右，大家都非常的辛苦！若遇到假日還要多三個交管哨，就只能站兩歇兩，甚至下哨後立即又去交管，大家都累垮了！排哨的林班也常常被老鳥抗議排哨不公，林班常常無奈的跟老鳥說：「那給你排哨，好不好！」老鳥聞言就不再抱怨了！阿杉戲稱：「但願生生世世不再爲憲兵！」阿杉與阿華兩位學長有儀隊的身材，連上有臨時勤務都派他們兩位出馬，兩人身材好，站出去讓憲兵連很有面子。

這段期間連上來了兩位三三七梯新兵，我也升格了，有人叫我學長了，被人叫學長的感覺眞是爽！回官田沒幾天，軍部又來公文要人了，因爲又要選舉了，連上士官兵都叫苦連天，連長又派我們原班人馬去支援，我們都很高興又可以去軍部了，因爲在軍部沒有長官及學長的壓力，日子比較好過，生活也比較有趣，但是連上同志又有苦日子要過了，再次來到軍部，帥哥親切的出來大門迎接笑說：「想不到這麼快大家又見面了！」

我們對軍部的所有勤務都很熟悉，日子就像以前一樣在跑步、上哨、警衛、車巡、及撞球上過去，只不過天氣變冷了，冬天的嘉南平原，由於地勢平坦空曠，早晚的溫差非常大，若遇寒流來襲的話，夜晚溫度會降到十度左右，白天出太陽的話，溫度可能又回升到二十五度，所以站哨時就更辛苦了，而這種天氣也容易使人感冒。

往往在我們換季前寒流就已來襲，常常冷得受不了，換季後又常出了大太陽，使得大家又滿身大汗，我們每年兩次換季，都要如此的冷熱煎熬，不過大家年輕力壯，很少感冒，若傷了風流鼻水，就喝杯熱開水或泡個熱麵吃就沒事了。當時泡麵除了牛肉麵、肉燥麵，還有新款排骨雞麵，都是大家消夜的美味。

六、機動班臨時勤務

選舉的那段時間，時常有民眾到軍部來借場地開會，有一天我站下午二四哨（兩點到四點）剛下哨不久，他們又來了，我心想不妙！又要派警衛！陳班看我穿著憲兵服（機動班），就揮手叫我：「阿曜！」我心裡不樂意，也要喊道：「有！」馬上跑過去向班長敬禮，陳班派我去會場警衛，我回答：「是！」

我才剛下哨！最討厭臨時勤務，因爲這是多站的，固定排班的哨還是要站！但是也不能拒絕，我馬上整裝出發，我心想爲什麼要派警衛呢？他們應該不是政府官員，也不是現役軍人啊？

他們開會時門窗緊閉，連氣窗也關了，他們也知道天氣冷了！我站在會議室門口外警衛，還好地點隱密，外面都沒人，四下無人我可以放輕鬆點，站久了腳酸，就動動膝蓋，有時偷偷走動兩步，並四處張望，假裝聽到什麼聲音對四周警戒。過了一個多鐘頭之後，由於已經接近傍晚了，我也感到愈來愈冷了，會議再不結束的話，我可能會感冒，所以我就移往門口，注意聽他們到底在說什麼，看看是否有結束的跡象，忽然聽到裡面有人說：「這一次謝謝大家的幫忙，但是下一次馬上就到，買票……，不要到時候才做，現在就要開始了，……。」

還好，不久會議結束，民眾陸續出場，最後主持人走出來主動跟我握手，我敬禮後就回大門了，這臨時勤務不算累，因爲不是在眾目睽睽之下，不用像儀隊一樣不能動！

天氣越來越冷，學長們對狗的興趣也越濃了！有道是一黑二黃三花四白，有一天班長抓了一隻小黑狗回來，不知用了什麼方法打死後，拿給廚房去煮了，狗、青蛙、及鴿子等，這類肉品我都不敢吃，也不想吃！那年代二兵每月薪餉一千八百元，應該還不至於沒錢吃肉！

由於選情緊張而且選舉日即將來臨，所以上級長官對我們的要求也愈嚴格，但是有一位即將退伍的上兵學長大概已經約了人，晚上要出去消夜吧？但是陳班不准他的假，陳班表情嚴肅地來大門交代衛兵說：「晚上有一位學長要出去，你們不要讓他出去！」還要衛兵把這事交接下去，可是我們很爲難，一位是中士班長一位是待退上兵學長，兩邊都不敢得罪，結果晚餐後不久學長出現了，衛兵學弟表情尷尬地說：「班長說不能出去。」學長口氣平和地說：「若被抓到的話，會說是爬牆的，不會爲難你們。」就逕自走出了大門，衛兵學弟不敢攔阻，只好讓他出去，兩位大門衛兵憂心忡忡地面面相覷，這下可慘了！不知陳班會如何處罰衛兵！

安官得知後通報陳班，不久陳班得到消息氣極敗壞地走到大門來責問衛兵說：「他出去了？怎麼讓他出去！叫你們不要讓他出去，還讓他出去！」兩位衛兵立正聽訓不敢回話，陳班大概也知道我們一兵、二兵學弟攔不住上兵學長，沒有爲難衛兵就離開了。陳班隔天一早就把上兵學長關了禁閉，學長關了幾天後才放出來，再幾天就要退伍了，退伍當天他換穿便服，站在大門前高舉張開的雙手大聲喊著：「我自由了！我自由了！」退伍對我來說，還是很遙遠的事，還有十七個月！

帥哥上兵學長也快要退伍了，他說要去保全公司上班，這新行業剛成立，聽說薪水很高，我問：「年紀大了怎麼辦？」帥哥望著遠方說：「會升爲幹部，當內勤的吧！」

選舉過後兩天沒有發生狀況，告別長官、學長，我們就回官田了。入伍半年以來，我到過泰山、中興嶺、官田、軍部四個地方，認識了很多人，經歷了許多事情，多年之後回想起來，仍然記憶猶新。

伍、官田風雲（七十五年）

一、師部哨邊走邊睡

七十五年一月回到官田營區，發現幾位上兵老學長都不見了，都退伍了，比較沒有學長的壓力了，三三七與三三九梯下部隊，學弟也多了好幾位，庶務上也有人幫忙，日子比以前好過了些！我開始算著退伍的日子，還有十六個月！

最近又來了兩位三四〇梯的學弟，他們一進大門，阿亮學長就帶他們衝回連部，我看他們穿憲兵服揹著黃埔大背包跑步，把衣服都弄皺了！氣喘呼呼跑回連上，人還沒報到，就先被操一頓，這是官田憲兵連的規矩。

學弟剛報到，還不能上哨，要先整理憲兵服，大約過兩三天後，才會去師部見習警衛哨。報到當天下午，林班會指派一位學長，帶新兵去跑五千公尺，新兵經過四個月訓練下部隊，跑五千大都沒問題。

我二兵掛了半年升一兵，心情頗為興奮！一兵算是有經驗的兵了，不再是菜鳥，一兵掛一年後會升上兵，就離退伍不遠了！幾位同志在連部門口旁的小房間裡縫臂章、燙衣服、與擦皮鞋，阿林學長對大家說：「掛二兵看起來很菜！以前老學長都叫我們剛下部隊的二兵直接縫一兵臂章，要不然穿出去（車巡）誰鳥你？」

憲兵一兵算是有點身分地位了！在官田的日子就是站哨、車巡及交管，由於地處鄉下，不像軍部在市區那麼熱鬧有趣，站師部警衛哨依規定不能亂動，只有師部長官進出師部大門時，憲兵幫忙開門可以藉機走動幾步，但是除了師長，其他師部長官大都從側門進出，都把大門留給師長專用，常常一班哨站下來，沒有長官進出大門，就沒有開門走動的機會，站兩個小時不能動，時間非常的難熬！

精神答數的內容：「雄壯、威武、嚴肅、剛直、安靜、堅強、確實、速捷、沉著、忍耐、機警、勇敢。」就是形容站衛兵吧！也不知道是誰規定的？憲兵站哨要跟儀隊一樣不能動！掛二兵及一兵站警衛哨前後大約一年的時間，辛苦地維護著這個傳統，既當衛兵又有禮兵性質，絕大部分的勤務都很認眞地完成使命，但是印象深刻的卻是少數幾次體力不支、精神不濟而出狀況的回憶！

師部警衛哨

白天站師部哨，師部常常靜悄悄的，只有操場上的新兵在出基本教練操，實在是很無聊，晚上就寢後，師部採遊動哨，可以走來走去，就輕鬆多了！

在無光害的台南鄉下，是很好的觀星地點，尤其是夏天，肉眼還可以看到一條白白的銀河，鄉下的星空是非常迷人的！

師部長官固定每週一早上晨跑兩三千公尺，沒有跑五千是因爲長官們的年紀已經四、五十歲，少將師長已經五十幾歲，能跑兩三千公尺也算不錯了，每位長官的體能，由跑步情況就能看出來。憲兵連每週大約只晨跑四五次，沒有每天晨跑的主因是兵力少，大家勤務重，每天跑五千，體力消耗很大，但是只要接近師部測驗的日子，我們就會每天跑五千。

師長

師部哨站了一段時間之後，對師部長官也都孰悉了，師長是少將階，配有一部吉甫車和一部轎車，我心想自己買車既然辦不到，那當職業軍人也是一個方法，不過要升到少將也是很不容易的，還是自己買比較快吧！

師長身高有一百八十公分，和藹可親是位好好先生，沒看過師長發什麼脾氣，週末阿部新兵會客時，常常有家長透過關係來拜會師長，師長就命令待從官聯絡新兵的班長帶新兵來師部會議室與家長會客，師長很有耐心地送往迎來，有時一天要見好幾位家長，師長以山東口音常常說：「沒問題，在這裡訓練，班長會照顧，……。」隨便聊幾句，新兵回部隊後，身分就不一樣了。

有一天我站師部哨時，發現有位瘦小的新兵沒有班長帶領，卻一個人穿越大操場往師部大門走過來，按規定師部大門前這段馬路是禁止任何人車通行的、禁止官兵靠近的，憲兵在此站哨，平常根本沒人敢靠近，一般阿兵以爲遇到憲兵就會被記違紀，其實我們在營區裡並不會記。

我想這位新兵應該是來師部會客的，我上前攔下阿兵問說什麼事？阿兵看到我時，居然害怕得發抖起來，話也說不出來了，我告訴阿兵說：「不要緊張，不用害怕，慢慢說。」這時師長的待從官推開師部大門對我說：「新兵會客。」原來他家長已經到師部了，後來聽師部連的阿兵說：「那新兵一緊張，氣喘就發作了，所以說不出話來。」

七十五年二月八日週六是除夕，連上所有的士官兵分兩梯放假回家過年，一樣是放四天，第一梯放除夕前，第二梯放除夕後，以抽籤決定，我抽到第二梯放假，除夕晚上我剛好站師部六至八點的哨，聽老莫學長說這一班哨會有紅包可領，我上哨後就特別站好姿勢，注意師部大門走道的動靜，除夕夜師部燈火通明，不久，師長手拿一疊紅包與侍從官走出大門，我馬上敬禮說：「師長好！」師長面帶微笑說：「新年快樂！」並發了一個紅包給我，我接過紅包說：「謝謝師長！」我又敬禮，這一班哨我站得很愉快！眞是太幸運了！這令我非常的興奮，下哨後，同志們都說我好運氣。除夕晚上連長休假不在連部，大家比較輕鬆，但是憲兵在營區裡還是不能喝酒、不能賭博，隔壁師部連阿兵拿出樸克牌來玩，但是不能賭錢，輸的人罰喝白開水，也玩得很有趣！

新師長

老師長在我破冬（七十五年五月）的時候調走了，新師長由軍部參謀長調來接任，新師長大約一七五身高，身材壯碩，治軍嚴厲，不苟言笑，常常到處走走看看。有一天早上起床號後不久，師長隻身走進憲兵連連部，問安全士官說：「連長在哪裡？」就快步走進連長室。

起床號後，連上士官兵各忙各的，不意師長臨時走進來，大家反應不過來，師長已經進入連長室，發現連長還在連長室裡，就訓了連長一頓。事後連長訓了安官一頓，連長要安官在老遠處看到師長就要趕快通報，怎麼讓師長進來了，還在迷迷糊糊的！連長發怒，我們就要小心一點！

不久之後，有一天早上我剛下哨，走到清槍線上清槍，遠遠地就發現連長的臉色很難看，臨時集合全連訓話，大家都很緊張，屁股夾得緊緊的（立正標準姿勢）！連長命令剛下哨人員：「五分鐘後入列！」在中心的魔鬼訓練，讓我們練成一身好本領，五分鐘可以先喝口水，再跑去廁所尿尿，順便點一根菸，吞雲吐霧一番，再跑回連部，還有一分鐘。

入列後，連長雙手叉腰怒道：「半夜上哨睡覺！睡覺還被師長抓到！害我被師長夾懶蛋（被訓話罰立正）！真是丟臉丟到家了！」出了大包，大家拿出最標準的立正姿勢聽連長訓話！不敢亂動！

連長接著說：「某某某禁假三個月！」「師部晚上改雙哨！也只能這樣給師長一個交代，避免再犯！」「排長、輔導長及士官長每天晚上輪流查哨！」「你們在台南這裡當憲兵最輕鬆了，還在自找麻煩！……。」

我們官田這個遠離台北的小單位，在連長口中的最輕鬆憲兵，其實大家都累得要命！白天上哨車巡，晚上又固定一班夜哨，每天都不能睡通宵，連續幾天下來，身體就會撐不住！尤其是只有一個人值勤的師部哨，在夜黑風高的半夜，似乎就有一種魔力，會讓人更累，而昏昏欲睡！

我發現很多同志站師部哨，半夜都會體力不支！半夜兩點與四點去接哨，都發現過同志站哨體力不支的情形！帶班上哨的班長見狀說：「你怎麼這樣！」學弟一臉歉意，班長事後沒有處罰學弟，也沒有向連長報告，怕全連士官兵一起倒楣！大概班長知道我們勤務很累，所以沒有追究！但是不久後，就被新師長發現了！

學長老莫有一天晚上邊走邊睡，結果一腳踩入了水溝，還扭了腳。我曾聽說行軍時，會累得邊走邊睡，不過我還是很難想像，邊走怎麼睡得著呢？

後來有一天晚上我站師部哨，為了趕走瞌睡蟲，我就來回地遊走，結果真的睡著了，我一腳踩進水溝後才醒了過來，我發現邊走邊睡，竟然還走了十幾步，這十幾步完全沒有記憶！

當一個人累極了，全身的骨頭就像是要跨了一樣，非常的痛苦！師部哨出包後，有一次夜哨，我來回地遊走，走累了，實在忍不住！雖然中心班長的告誡言猶在耳：「憲兵站哨不能有一點隨便！」身體還是往牆上靠一下，但是並沒有閉眼打瞌睡，卻剛好被查哨發現，結果被禁了兩天假！

那年有一次颱風來襲，我剛好站師部早上四至六點的哨，四點摸黑上哨，風雨交加，天氣冷又睡眠不足，會覺得更累！我漸漸體力不支！不久天微亮，師長一大早就起來了，要查看師部房舍的損壞情形。幸好我沒有睡著，有警覺到師長開房門的聲音，沒有被師長抓到打瞌睡！

當天氣變熱，夏天來臨時，大家就比較不會打瞌睡了，因爲我們幾乎每晚都可以看到流星，晚上換哨時，也多了一件交接事項——那個方向發現流星了。

聽說憲兵有一個盡忠職守的故事，有一次颱風夜，一位憲兵在西子灣官邸擔任蔣公的警衛，因爲風雨太大，憲兵爲了不被颱風吹走，用S腰帶把自己捆綁在樹上堅守崗位，獲得長官的嘉許。

（憲兵部隊白天勤務繁重，夜晚必有一班衛兵不能睡通宵，造成站哨體力不支的情形，軍方已經注意到了，聽說八十年以後，有些單位站夜哨者，白天可以補眠了，近年來參訪營區，還發現寢室有人掛上「夜哨補休」的牌子在補眠。）

上校參謀長

參謀長中等身材，身高大約一七五，外省口音聽不出是哪一省？當我是中鳥時，在師部已經站了好幾個月的警衛哨，越來越覺得這勤務很累，要是在中心獲選爲士官只要坐安官就不會這麼累！要是簽四年半預官，可以當排長或輔導長，一人之下眾兵之上也很棒啊！

有一天站夜哨，接著站中午十二至二的哨，午睡時間全營區靜悄悄的，我正因爲抵不住烈日和風與蟬鳴鳥叫，眼皮沉重忍不住要閉上眼睛，參謀長正好走過師部門口向我走過來，這時我剛好眼睛一睜，不禁嚇了一大跳，眞是又羞又愧，馬上幫參謀長開門，參謀長把手輕揮（示意不用開門），沒說什麼就走了！接下來的幾天，我都很擔心，參謀長若向連長提起此事，除了會被禁假一兩個月之外，還要遭受學長學弟異樣的眼光，在連上也沒有中鳥的地位了！還好連長都沒說什麼，讓我逃過了一劫。

我想參謀長一定了解我們的辛苦，所以並沒有想要處罰我眼睛閉了一兩秒！從此之後，我一看到參謀長，我就迅速把左腳向右腳靠攏，讓皮鞋發出「啪」的一聲，然後用最標準的立正姿勢向參謀長大聲敬禮問好。

上校主任

主任留平頭，中等身材，身高約一七零，身材略瘦，看起來也是和藹可親好好先生，在調金門之前，師部長官特別加菜為主任餞行，這天午餐特別久，一直到一點多，主任吃完師部的最後午餐，在師部側門上車前不禁黯然落淚，師長與師部長官們紛紛上前給予安慰，但是主任卻顯得更傷心！

不知主任是因為懷念師部，還是感傷金門？載滿行李的吉普車後座還擠進了主任夫人與三位年幼的小女兒，在師長等人的祝福下啓程了！我站哨位置離車道有一段距離，我轉身向經過師部大門前的主任座車敬禮！主任也回禮了！

聽說對岸的情報很靈，高級長官一踏上金門，他們就廣播說：「歡迎台灣的上校某某某來到金門，您的親人某某某、某某某、某某某、都很想念您，……。」

上校新主任

新主任中等身材，身高約一七零，略為發福，戴了一副黑框眼鏡，一到官田就有了重任，因為有一位被指為職業學生的某某某到官田師的新中營區來受入伍訓練，聽說他在台大讀了五、六年卻一直沒有畢業，後來因故被退學了。

我在師部站哨時，常常聽到主任打電話向上面報告狀況，主任說：「……！所有的電話、地址及通訊錄都收起來了！」「晚上由一位班長和他一起睡，……。」這位學生在軍中可能會受到「特別照顧」，大概怕他在軍中發展組織，也怕他影響別人的思想。後來新兵會客時，聽早班車巡的學長說黨外來了很多人，因此我們有點緊張，幸好並沒有發生意外，中士班長也特別交代，盡量避開黨外人群以免出狀況，我們午班車巡兩輛機車經過新中營區側門時，發現很多人來會客，我特別留意，但是沒有發現黨外人士。

中校副主任

師部長官都是外省籍，只有副主任是本省的原住民，身高約一六零，身材壯碩，很喜歡到處巡視訓人，直到有一天，他的態度大為改變，逢人就笑嘻嘻的，他走到之處，談笑風生，非常的得意，而且「走路攏有風」，原來他熬了很多年，終於升了上校。

半夜槍聲

升上校不容易，要升少將更是難得！聽師部連的阿兵說過，以前有一任副師長本來即將要升少將了，萬事具備，只差公文還沒送來，不料營裡半夜有人開槍，因此官升不成了，只好提前退伍！

當時半夜槍聲在寢室的小房間裡響起，一聲悶響之後，半夜坐安官打瞌睡的士官忽然驚醒，卻以爲是成熟的大芒果掉落在鐵皮屋頂的聲音，跑到寢室外面找不到芒果還覺奇怪道：「那麼大一聲，怎麼找不到芒果？」

（現在軍中已不是封閉的環境，訓練管教也比較合理，申訴管道又暢通，軍人有問題可以尋求專業協助。）

馬可士下台

官田是預備師，平常沒什麼大事，所以師部長官們週末放假都很正常，每年三節時，長官們常常載了一車的禮物回家，駕駛兵開玩笑說：「有的是人送的，有的是要送人的。」

有一陣子長官們的休假比較不正常了，當時發生了一件國際大事，菲國的總統大選之前，反對黨領袖艾奎諾在返回菲律賓走下飛機的階梯時，而且在記者及擁護者的眾目睽睽之下，被槍手射殺當場死亡，該名槍手同時也被安全人員擊斃，事發之後，世界輿論譁然，幕後的黑手也呼之欲出。

美國爲了取得菲國軍事基地的使用權，向來都是支持馬可士，但是菲國的總統選舉時，流血暴力與買票作票頻傳，馬可士最後終於被強大的民意趕出了總統府，這在國際之間造成了當相大的震撼！美國的軍力再強，終究也強不過民意！

隔著巴士海峽的台灣也爲此緊張不已！全國的憲兵又要「停休戰備，機動待命了！」通常日曆見紅（有國旗）的節日，憲兵都要停止休假！當憲兵眞是累啊！國內有示威遊行，因而停休還有道理，外國人示威暴動，我們也停休！不過連長還是讓我們偷偷的休假！

黨外當時也趁機攻擊執政黨與馬可士有相似之處，暗示台灣也可能發生政變，而流亡海外的黑名單人士也有闖關回國選舉的打算，因此國內政局有些緊張。那一陣子師部長官常常表情嚴肅地忙來忙去，師部幾乎每天都在開會，電話也響個不停，六位長官常常有五位跑去軍部開會，當年菲國的情勢變化，確實緊張了一段時間。

二、全國最輕鬆的憲兵

憲兵連連長

我們連長的身材瘦瘦的，但是全連都很怕他，他平常不但不苟言笑，還常常愁容滿面，看起來很嚇人！連長只有跟軍官講話時會有一點笑容，不然都很嚴肅！

有一天早上我剛下哨時，看到連集合場上的連長正在對連上的士官兵訓話，這是很奇怪的事，一定是有事情發生了。

連長命令我們剛下哨的人：「五分鐘後入列！」剛好可以喝口水，抽根菸，上廁所尿尿。我們入列後，連長繼續訓話，連長雙手叉腰怒道：「你們在這裡當憲兵，是全國最輕鬆的憲兵！還有什麼不滿意！你在台北試試看？聯合警衛、臨時勤務那麼多，一天到晚示威遊行，整天機動待命！兵力不足，還有假可以放嗎？上面命令要停休，連長還不是照放！上面知道了誰倒楣？」

連長訓了一頓就進去連長室坐一坐，抽一根菸，過陣子又出來訓話：「當憲兵那麼好當啊！每個月放四天三夜，要去那裡找！照規定來的話，有這麼輕鬆愉快嗎？以後每天照表操課，每週放 08:00，18:00 收假，放一天看你們怎麼回家？」「照規定罰站有時間限制，訓話總沒時間限制了吧？」

同志們來自北中南東部各地，放一天假確實無法回家！這時候輪到上哨的人最高興了，反正都是站，去上哨免得在連部白白的被罰站，最可憐的就是我們剛下哨的人，全身武裝輪機動班還要罰站！不久，輔Ａ回來了，但還是又站了好一陣子才得解散！

隔壁師部連的阿兵看到我們受罰，一個個都躲得遠遠的，並且收起平日的笑容，唯恐待會兒憲兵老鳥遷怒他人亂發脾氣而惹禍上身。聽說像我們這樣的憲兵獨立單位，憲兵指揮部應該有布建人員，俗稱「細胞」，可以向上回報軍中情況，阿寶學長說：「每個單位都有細胞！」阿泙神祕地掃視左右問大家說：「誰是細胞？誰是細胞？」我開玩笑說：「我是細胞！」阿泙懷疑地說：「哪有可能！」

解散後，一些無辜受罰的老鳥，都把眉頭鎖得緊緊的，我不知道發生什麼事，大家各自忙去了，也沒有人再談此事，因爲我們每天都要洗衣、燙衣、擦皮鞋，時間常常不夠用，也許有人去申訴吧？怎麼還會有人搞不清楚狀況？當兵嘛！吃點小虧就算了！我入伍之後，馬上就了解到，這世界高矮胖瘦是不公平的，也不可能萬事都公平，當過兵的人大都能體認這點，爲人處事會更加圓融成熟。

連長雖然兇了點，又不讓我們留頭髮，但對於放假，卻是各憲兵單位中較正常的，若是在北部當憲兵，不但常常停休戰備，遇到突發狀況，兵力不足時，放假者被緊急召回也是常有的事。

連長生氣時，把半夜站哨睡覺的學弟禁假三個月，話一說出難以收回，學弟已經連續兩個月沒排假了，長時間情緒低落恐怕也很不好，後來連上缺了某些物件，剛好學弟可以回家幫忙採購，排長就建議給那學弟兩天假去辦理，學弟表情馬上大大改變，這是連上長官非常聰明的做法，不減單位主管的威嚴，也適度調整過重的處罰，學弟在這三個月裡，有這兩天假，得以紓解一些壓力，採買回來後，整個人也比較有精神了！

記得有一天早點名時，連長表情嚴肅地說了四位一六八士官的總總業務缺失與記過的原因，命令江班記四位中士每人一支小過！連長還說：「你不要以爲記一支小過沒關係，以後你在公家機關上班，這小過就一直跟著你！」部隊解散後，士官兵對這突來的處罰，氣氛變得格外的嚴肅，班長們個個表情嚴肅各忙各的去了，私下也沒抱怨什麼，班兵們也自覺到自己勤務上要多加小心，以免出狀況。

輔導長

新輔Ａ大約一七八公分高，長得高高帥帥的，看起來脾氣很好，不像連長那麼嚴厲！來官田沒多久就要求無黨籍者入黨，但是沒入黨好像也不會怎樣，輔導長還開玩笑說：「住桃園受到黨外的影響，住新竹也受到黨外的影響，所以不入黨？」

輔導長很喜歡跳國標舞，但是平日連長不准我們看電視聽音樂，輔Ａ就利用週日連長不在時放起音樂找人跳舞，不過連上竟無人懂得交際舞，而唯一有點興緻的人就是我，所以我就跟輔Ａ學跳舞。週日的勤務雖然比較重，但是連長不在，師部長官也不在，我們的心情卻是比較輕鬆愉快的！

輔Ａ人很好，我們若犯錯了，通常要我們寫悔過書而已，並不會禁我們的假。有一位班長喜歡喝酒，但是我們憲兵連在營區裡不准喝酒，有一天晚上班長跑去師部廚房與伙夫兵喝了不少酒，隔天早上六八哨坐安官時滿臉通紅一身酒味！這是我當兩年兵，連上唯一發生過的喝酒事件，幸好那天連長剛好不在，只被輔導長罵一罵，夾懶蛋寫悔過書就沒事了。

班長立正站好滿臉通紅，輔導長滿臉怒容雙手插腰站在班長面前，以三十公分近距離嚴厲地訓斥！班長理虧乖乖聽訓立正不敢亂動，正期軍官輔導長平常爲人和氣，但是士官兵出狀況，還是會生氣！其他士官兵忙著盥洗上哨去了，沒有人有空去關注後續，也沒人再去談起這件事，我們每個月放一次假，只有四天三夜，放完就得再等四五個禮拜才能再放假，有時候覺得有點難熬！

排長

排長身高約一七五，中等精壯身材，來官田已經滿兩年了，聽說排長當過憲兵志願役士官，退伍後又去報考專科，算下來服役年資可能十年了，可能比連長還早入伍，所以排長對憲兵各項勤務都很有經驗。排長平常雖然嚴格帶兵不苟言笑，但對士官兵還不錯，很少處罰士官兵。師部哨出事後，排長、輔A與士官長三人就開始輪流查哨，從此不能每天睡通宵了！

排長大約在我破冬時結婚，連上派出林班、黃班、阿亮、阿華和我五個人代表連上去參加喜宴，我們先去排長家賀喜，順便看看有沒有什麼需要幫忙的，然後再去餐廳吃喜酒。我們既能偷閒，又能大吃大喝一頓，眞是高興得不得了！

士官長

我們尊稱的士官長，其實階級是上士，士官長六十九年下部隊到官田營區，到七十五年時已經快要服役期滿了，士官長是原住民，樂觀開朗，時常帶著笑臉，不像憲兵軍官或班長那樣嚴肅，大家都覺得他很親切很可愛，他已經結婚，住家在官田村，離營區不遠，因此可以常常回家看看。

士官長快退伍了，幾乎整天沒事，既不値星又不坐安官，所以有一陣子士官長就背起日語的一（衣）、二（里）、三（桑）、四（用）、……、十（溜），我看士官長好像要奮發圖強，但是過了幾週後，士官長還在「衣里桑用」，阿泙看了就消遣士官長說：「士官長，怎麼都沒有進步，老是衣里桑用？」說罷，大家都大笑不已！

士官長有一天晚上與老學長出去車巡，回來之後兩人都說很可怕，老學長說：「看到魔神仔（鬼怪）」！士官長說：「有一位長髮白衣者從橋上往下飄，然後就不見！」由於講得不精采，所以大家聽了並不害怕。

士官長有時候會利用部隊集合時向大家講話，但是常常講了一半停下來，或者長篇大論之後，大家聽不懂他的重點，所以大家不喜歡他占去我們太多的時間。

有一天早上值星班長帶隊跑五千，跑回來之後大家都氣喘呼呼，值星班長令大家去掃地、抬飯菜，準備用餐上哨，這時士官長忽然跑出來要講話，由於部隊已經解散，大家也都累了，討厭士官長又來講話，只有少數幾位菜鳥站住，其他人都各自忙去了。

士官長看大家不理他，翻臉生起氣來，命令值星班長集合大家，全連再去跑五千！中士班長無奈只好聽上士命令，部隊集合再出發去跑步，值星班長帶隊邊跑邊問大家說：「誰聽到了他講話？」值星班長說他亂發脾氣，問大家要不要申訴，大家跑了幾圈之後，躲在一個建築物後方休息，值星班長喘著氣對大家說：「來眞的！大家不要臨陣退縮！」同志們沒人答話，都看著紅軍最老的學長，因爲他的決定，我們作學弟的都會服從，値星班長也看著阿林學長說：「阿林，怎麼樣？」阿林學長不置可否，猶豫了一下，微笑說：「看大家怎麼樣就怎麼樣。」

我們繼續跑個不停，用餐時間已到，眼看接八至十點哨的同志心急如焚，而士官長卻餘怒未消，後來驚動了輔導長，才招回部隊。

部隊回連集合場集合，輔導長搭著士官長的肩膀說：「士官長人不錯，平常對大家也都很好，大家要尊敬士官長，……，這件事就到此為止，以後大家一樣是好弟兄。」

因此這件事就及時化解掉了！

三、班長的打火機美女

林班

林班約一七五公分高，中等身材，長得帥氣，負責衛兵排哨與軍紀糾察的業務，每班車巡回來若沒記半件違紀，林班就會睜大眼板著臉大聲說：「你們跑出去混！」台南縣雖大，但是有時候眞的遇不到阿兵，怎麼記呢？

林班每週都要統計違紀案件向上呈報，但是常有人透過關係來關說，師部長官也會因爲受人之託來向林班要求劃掉違紀，因此林班在師部很紅。憲兵二零四指揮部每月會公布一張各憲兵單位的軍紀糾察成果統計表，憲兵隊除了抓軍人軍車違紀，還有抓到小偷，抓賭博！我們官田只有抓軍人，軍車很少，我們的違紀數量少，成績不算好。

林班私底下常與我們打成一片，他與三三六梯的阿華最合得來，他們兩人常常一起欣賞他們收集的打火機美女圖，後來大家也跟著收集，而且還在比誰的美女多。當年塑膠製的打火機上有一面是貼泳裝金髮美女圖，抽菸時還可以欣賞一下，那年代持有露三點的黃色照片是違紀，泳裝照片算是合法的。

金班

金班是連上長得最高最壯的人，大約有一八五公分，負責經理業務，他與林班、黃班、溫班是同梯的一六八期士官，當年很多甲種體位的役男抽到海軍陸戰隊要服役三年，就乾脆報考憲兵三年半士官，役期只需多半年，薪資較高，非常划算。

連長的傳令兵老莫白天不用站哨，但是要支援車巡，晚上也要站一班衛兵，曾經向連長反映接哨的同志拖哨（衛兵交接遲到），因此連長在晚點名時就下令若再有拖哨者一律禁假處分，本來規定整點出發接哨，也改爲整點要換完哨回到連上，大約要提早十五分鐘出發上哨。

有一天半夜，有位瘦高上兵學長怕上哨遲到會被禁假，所以就不等金班帶班上哨，而自行上哨去了，結果下哨後兩人起了衝突。瘦高學長清完槍，繳回械彈後，金班上前攔住正要走往寢室的瘦高學長並質問說：「你自己上哨什麼意思？」瘦高學長說：「你遲到啊！」金班怒道：「我叫你等一下，你轉頭就走？」兩人拉扯，好像要打架。不久之後，連長把金班調去軍部看守所。我才接經理業務沒多久，師父就調走了，剩下我菜鳥一人獨自接業務！

時也沒有區別。

黃班

黃班中等身材，大約一七五公分高，負責編排課程戰備訓練業務，爲人忠厚老實，面容慈祥，從不生氣、不罵人，說話語氣和緩，是好好班長，大概罵人語調與平常講話時也沒有區別。

溫班

溫班中等身材，大約一七零公分高，負責軍械業務，這是責任很重的業務，槍彈數量不能有錯，不能遺失，若數量有短缺，這不是錢可以解決的事！出事可能就是軍法。溫班好像很有異性緣，但是通常在營當兵的人都喜歡吹牛！

連上除了四名一六八期的士官之外，還有兩名大專預士——李班與江班。

三二五梯李班中等身材，負責人事業務，有一天我與李班去車巡，發現一輛四分之一T（噸）吉普車與一輛二又二分之一T的軍用卡車超速，我們就加足馬力，上前攔下超速的卡車，卡車慢慢靠邊停下，我們平常很少抓到軍車違紀，這算是小功一件。

我們將機車停在卡車前方，李班上前索取派車單與駕駛兵的補給證，我就在附近前後警衛，以防有陌生人車靠近，危害我們軍紀糾察的工作。

李班向駕駛說：「我們騎六十都追不上你們，還沒超速？」駕駛就不再講話，就在李班要登記違紀時，一部吉普車折返回來，一位海軍陸戰隊的上校下車，李班見狀，看我一眼作暗示，就喊敬禮口令：「敬禮！」上校回禮後對我們說：「我們剛剛演習結束，正趕路回去，卡車上載的都是武器……。」上校要我們放他們一馬，我心想對方是上校就別記算了，我看著李班，不料李班堅持要記，讓上校的面子掛不住，結果上校對駕駛兵大聲吼道：「駕駛兵回去關禁閉！」事後李班跟我說：「要是林班的話，才不甩他！」我想李班不願在我的面前示弱，所以才堅持要記吧？後來這件違紀我們也沒有往上報，回連上後，李班就把這張違紀單揉掉了。

三三八梯江班中等壯碩身材，在中心獲選爲士官，去林口加訓八週，比我晚兩個月下部隊，負責人事業務，好像是明志工專畢業的，是連上學歷最好的同志，爲人客氣，笑臉常開，與大家都處得不錯。

江班對三三八同梯的阿輝、阿村及我也都有照顧，去清泉崗整訓時，他說提早幫我們三三八同梯升上兵，連長也同意了，大概加入了成功嶺的役期，所以提早吧？

四、晚點名三二九梯以後的留下來

下部隊後有一段很長的時間，每天連長晚點名結束要解散時，一六八中士林班長總是跳出來舉著手大聲招呼說：「三二九梯以後的留下來！」上兵學長們的體能、憲兵勤務及憲兵戰技等等，都已合格且經驗豐富，可以解散在一旁抽菸聊天，我們二兵與一兵留下來，班長再教導一些衛哨勤務注意事項，或是做一些憲兵戰技練習，都是一些經驗傳承，如果沒有被留下來，晚點名後，大約會有短暫的二、三十分鐘的自由時間，營區才會撥放熄燈號。

三二九梯以前的學長我只記得四個人，一位是拿退伍菸給我的學長，他的面容已經無法回憶。一位是阿村的師父，與士官長車巡撞鬼、後門抓人的都是他。我與他相處四個月，他瞪眼咬牙的面容至今我仍然印象深刻，這學長退伍時，我可能休假或是出勤務，所以沒有看到歡送的場面。

一位是長得瘦高自行上哨與金班發生衝突的學長，他是比較不會釘學弟，個性比較溫和的學長，這學長退伍時，我人在軍部。

最後一位是教我刺槍術的學長，由於當時我剛下部隊，刺槍術抓不到要領，雙手端槍印象深刻，因此他嚴厲的表情，至今還清楚地印在我的腦海裡。這學長退伍時，我人在軍部，我第一次看到學長領退伍令是三二九梯學長退伍。

三二九梯

三二九梯的學長有三位，一位陳學長中等身材，支援軍部看守所，比較沒有印象，我下部隊時見過他，隔了一年，再次見到陳學長時，我驚訝這位上兵憲兵是誰？我向學長敬禮，學長微笑回禮說他支援看守所，我才想起來還有這位學長，隔天就要退伍了！

另二位學長都學過駕駛，其中謝學長身高約一七六，個性比較溫和，沉默寡言，不會管學弟，也不會釘學弟，是比較容易接近的學長。他擔任連上的駕駛兵，夜晚不用排哨，可以每天睡通宵，但是每天晚上要擔任白車駕駛，車巡三、四小時也很辛苦，駕駛若夜晚站哨，就怕睡眠不足，開車會發生危險。

還有一位阿林學長，中等身材，比較嚴肅，是一位令人望而生畏的學長，自從阿村的師父在五月退伍之後，三二九梯學長升上兵當了紅軍，因爲他是兵頭，連上的軍官、士官會給他面子，學弟當然會尊重他！師部裡的軍官都想認識他，因爲進出營區大門比較方便。

阿林學長對學弟的影響力很大，他常抽的二十五元寶島牌香菸，大家都跟著抽，我也抽了好一陣子，直到他退伍之後，大家才又改抽二十二元的黃長壽香菸。

新兵剛下部隊很累，入睡很快，不用三五分鐘就睡著，而且睡得很熟又不容易醒，有一天午睡後的打掃，我動作慢了一些，結果事後被阿林學長叫去罰站，阿林學長說：「大家都在打掃了，你還在睡！動作很慢！」被長官或學長處罰，是「沒有理由，沒有藉口的！」（無關犯法的小事，不用計較。）立正站好就能度過難關，學長接著說：「你們現在好多了！以前老學長是叫我們到浴室水池旁的菜圃上爬，要不然就是當胸給你一拳，……。」紅軍學長說以前常常被老學長釘（電），學長還笑說：「釘在牆壁上！」形容老學長之嚴厲！

後來有一天我準備上哨時胃痛，安官就幫我換哨，並問誰服裝可以（憲兵服已整理好），就馬上著裝頂替，臨時被指派的弟兄也都沒怨言，我們已經習慣接到臨時任務時，可以迅速著裝，隨即出發。

阿林學長剛好經過安官處，知道我胃痛，就去他的置物櫃拿一瓶胃乳給我說：「你這瓶喝下去就好了。」阿林學長比較嚴肅，也沒有很兇，他還沒有老學長那麼嚴厲！

官田營區大門旁的旅部有醫務所，專爲士官兵看病，師部也配有一位醫官，專爲軍官看病，離憲兵連比較近，我胃痛延後一班上哨，下哨後想去醫務所拿藥，但是還穿著憲兵服擔任機動班，怕臨時有事，不能跑遠，所以安官溫班就叫我去師部找醫官拿胃藥。午睡過後，我去醫官室外輕敲門兩下說：「報告，一兵陳經曜請示進入。」醫官答應後，我開門進去向醫官敬禮：「醫官好！」醫官還在午睡，一看是憲兵，略爲吃驚，我接著說：「報告醫官，我胃痛。」醫官得知我要看病，才鬆了一口氣。

紅軍學長在退伍的前一天下午剛好站四至六哨，因此晚班車巡是退伍前的最後一項勤務，當晚士官沒空，由學長帶班，白車出營門不久，學長就要求駕駛兵阿男把白車讓給他開，他一路上不但開快車還打開警笛，因此惹得新中、大內兩營區附近的居民都對我們側目。

平時我們車巡至新中大內，營區附近的店家青年會站在亭仔腳對營區門口大聲喊：「憲兵來了哦！憲兵來了哦！趕快躲起來！」而士兵們聞聲都會立即躲入民宅或躲回營區，我看他們在喊憲兵來了，好像電視劇裡封建時代喊禁軍來了，而士兵就好像古代的百姓，紛紛閃避躲藏，以免惹禍上身。

我們平常騎機車或開吉普車車巡的車速都固定在四五十公里，不會隨便超車或超速，學長的飛車險象環生，學弟們都很緊張，三三九梯阿輝學弟笑說：「好可怕哦！」三四四梯阿男學弟輩分低不敢說話，而我也捏了一把冷汗，正想要出言相勸時，學長忽然路邊停車說：「阿男，給你開！」我們三人這時才鬆了一口氣！學長留下這退伍前的回憶，令我們嚇得要命！

三二九梯退伍當天，學長買了許多香菸請大家抽退伍菸，那時候進口菸的價格還很貴，是國產的兩倍，大家對他們都羨慕極了！阿林學長笑說：「如果只要站哨跟車巡，薪水有一萬，我就簽下去！」憲兵紅軍的優越感讓學長很想一直當下去，我們學弟只想趕快退伍。

照例，早餐後部隊集合，準備歡送退伍人員，連長發獎牌、退伍令後，還說學長軍用駕照可以換民用駕照，這駕照很實用！部隊解散後，同志們抽根退伍菸，閒聊兩句，互道珍重！與學長大約相處一年的時間，我還有七個月退伍！學弟們大家要忙上哨車巡交管，各忙各的去了！忘了學長何時離營的！

三三一梯

三二九退伍之後，三三一梯學長當紅軍，三位學長都很好相處，三三一政戰兵阿亮學長，身高約一七七，住在台北，休假時我們常常一起搭錦義遊覽車回台北，到台北時已經十一點了，我們再共乘計程車回家，阿亮性格瀟灑，沒有學長的架子，手上戴著一萬多元的亞米茄手錶，令學弟們都很羨慕，後來中士班長在台南也買了一隻便宜的亞米茄手錶，看起來幾可亂眞，因此大家都拿錢託班長買，我也買了一個。

三三一阿炳學長，中等身材，與溫班一起負責彈藥業務，家住台中，雖然他不苟言笑，但是也很少釘學弟。他有一次半夜下哨坐在床沿卸裝，對面的學弟忽然醒來坐起，就跟阿炳聊了起來，不過阿炳覺得學弟答非所問，所以就不講了，結果學弟還在自言自語，而且還睜大著眼，這讓阿炳嚇了一大跳，趕緊抱頭就睡。後來我也聽過一次，不過學弟的眼睛沒有張開，是在說夢話。

三三一阿寶學長，中等身材，單槓可以拉到三十幾下！是連上唯一現存的三年兵，我們三三八與三三九的學弟都會比他早退伍，有時三三九阿輝學弟會消遣他說：「學長比我晚退伍！」他聽了當然生氣，還作勢要打人。不料政府為了裁軍，宣布取消全國的三年兵，而已經入伍者也都改三年為二年，所以他變成早我半年退伍，為此，他欣喜若狂，而全師的三年兵也都高興極了。

三三三梯

三三三梯的阿財學長，中等身材，支援軍部看守所，我們相處的時間很短，剛下部隊在中興嶺那幾天都是阿財學長每天早晚帶我們新兵跑步及拉單槓，再次見到阿財學長回到官田時，他已經待退了，笑嘻嘻的手拿一台傻瓜相機在偷拍退伍照留念，看到我剛下哨，對我說：「阿曜，來，我幫你拍一張！」學長好像一轉眼就退伍了！

三三三梯還有一位老莫學長，中等身材，老莫擔任連長的傳令兵，白天不用站哨，因此我們都很羨慕他，不過他要支援車巡。有一次他去車巡抓違紀時，阿兵塞了一百元給他，要老莫放他一馬，結果被老莫拒絕了，還罪加了一等，連長知道後，還給了他一天榮譽假。他若心軟或是心貪放走阿兵，可能要判兩年吧？車巡睡覺都判了兩年！後來阿汧維修機車兼當傳令之後，老莫就調軍部看守所了。

三三五梯

三三五梯的阿宇學長，中等身材，與我們三三八一起下部隊後不久，就被選中支援軍部看守所，聽說看守所一個月可以排六天假，平常站完哨就沒事了，幾乎沒有臨時勤務，他們跟軍部憲兵一樣常常外跑，因爲所內沒有操場可以跑步，就跑外面馬路，跑起來比較有趣，可惜我接經理業務沒機會外調。

聽說犯人一進看守所就要拔階（拔掉軍階），然後脫光衣服檢查有無攜帶違禁品，若有人越獄的話，衛兵是可以開槍的，學長常說：「人跑了，換衛兵進去關！」當憲兵再怎麼辛苦都沒關係，就是別出事，否則就有當不完的兵！

三三六梯

三三六梯有阿義、阿華、阿杉三人。阿義家住學甲，離官田很近，車巡時可以順路過去逛一下，他是一個老實的鄉下人，在軍部大門時相處過一段時間，我們離開軍部回官田後不久，阿義就調軍部看守所了。

阿華住台中，身高一八零，人長得又高又帥，週末常常有人來會客，大家都很羨慕他，因爲大部分的士官兵都沒有人來會客，都孤家寡人一個！

阿杉也住台中，身高與阿華一樣，具有一八零公分的儀隊身材，因此連上有臨時勤務要派警衛時，大都由他們兩人擔任，爲此他們常常叫苦不已！但是兩人站出去，讓憲兵連很有面子！阿杉把「誰」的台語唸成「甲」，我們北部音爲「相」，台中的台語與台北不同，與台南的台語也不同，台南音爲「想」。

三三七梯

三三七梯有阿泙與阿洲，兩人身高都一七五，阿泙住桃園，比我早入伍，所以梯次比我早，但是大專兵只受訓三個月，所以我比阿泙早下部隊，阿泙剛下部隊時還會叫我們三三八學長，後來便拿梯次跟我們爭作學長！

我反駁說：「其實我比你早入伍！」

阿泙懷疑說：「哪有可能！」

我說：「我一年前就去成功嶺了！」

阿泙辯說：「成功嶺不算！」

南部的夏天來得比較早，晚上睡覺時，阿泙常常與我爭著電風扇的方向，我們互不相讓，因為我們誰也不承認是學弟！後來我與阿泙、阿洲睡在同一側一起共享電扇，因此我們不但漸漸成了好朋友，後來又變成了死黨三劍客。

林班半夜叫衛兵上哨，發現我們沒有按照床位就寢，就下令禁止換床位睡，林班早點名後對我們三人笑說：「你們是同性戀啊？睡在一起！哈哈哈！」

阿洲笑稱：「我不是！他們倆個我就不知道！哈哈！」

阿勇在一旁打趣說：「林班，他們一個個比豬哥的，如果同性戀的話，那就不會害人了！哈哈哈！哈哈哈！」這話引來學長學弟們的笑聲。

（現在多元的社會，已逐漸改變了過去的刻板印象。）

阿泙是機車師傅也有卡車駕照，連上六台老爺機車要不是他維修的話，時速還上不了六十公里，多加點油還會抛錨，憲兵機車顧路（抛錨）那是很丟臉的事，因此他在連上很紅，後來還當了連長的傳令兵，白天也不用站哨了。

阿洲也住桃園，平易近人，我們梯次又接近，又都有抽菸，有空常常在一起抽菸聊天就比較熟，服役兩年期間，我與三三七好像同梯一樣，退伍後也常常聯絡，一直延續著這友誼。

三三八梯大專兵

七十四年那時，一年大約有十梯次的憲兵新兵入伍，其中有一梯是大專兵，我們三三八梯有江班、阿輝、阿村及我四人，同梯比較親，也比較會互相照顧，江班負責人事業務會照顧我們，阿村也常常把多的軍菸賣給我，阿輝有零食也會分享給我！

當年大專兵在軍中約只有一、兩成，除了可以考預官之外，升士官與接業務（政一、政二、政三、政四、參一、參二、參三、參四）的機會都比一般兵來得多，因此一樣服義務役的大專兵就比一般兵占便宜，一般兵常會消遣大專兵的體能不行，我們三三八梯的體能戰技還不錯，也沒有出過狀況，在連上也廣結善緣，所以沒有被排斥。

學長制

部隊很操，學長制就會很嚴格，例如憲兵、海陸、儀隊、機車連等，陸軍的學長制雖不如憲兵來得嚴格，但因爲成員分子複雜，所以最難管理。

學長制的優點在於能如學校與社會中的經驗傳承，其缺點是怕變質成爲學長濫施權威打罵學弟，因此引發學長學弟打架或打群架，所以軍方下令軍中不得再有學長、學弟之稱呼，一律改稱同志。連長也在晚點名時正式下達這個命令，但是我們私底下偶而還是會叫學長。

憲兵都經過挑選，沒有案底，成員單純，官田憲兵是小單位人員少，連上軍官也很重視同志們勤務的公平性，比較沒有學長壓力，學長學弟們大家都相處得不錯，沒有發生過什麼麻煩事！

五、車巡穿垃圾袋

官田憲兵連除了負責三個哨之外，最重要的就是車巡！車巡的目的是維護軍紀與協助治安，聽三三一梯學長說過，官田憲兵也曾協同警方，共同出勤維護春節治安（春安演習），但是我到官田後，就沒有這類勤務了。

軍紀糾察是件吃力不討好的差事，由於上級長官給各憲兵單位主管的壓力，往往就會變成基層憲兵的壓力，所以憲兵只好多抓一些違紀，聽說有些單位還會依軍紀糾察的績效放假！然而我們辛苦的成果，有時候會因爲有人關說或受到壓力而劃掉一些違紀案件，所以我覺得我們是在當「壞人」，因爲阿兵和老百姓都怨我們，卻不知我們的苦衷。

但是話說回來，維護軍紀也很重要，有軍紀的軍隊才有戰力，早年國軍六十萬大軍，照比例每天都有上萬名軍人放假外出，軍紀不好的話，讓百姓討厭軍人，對國軍會有不好影響，所以軍方才會要求各憲兵單位執行軍紀糾察吧！

國軍經過幾次專案（精實案、精進案、精粹案、勇固案等）精簡人員，國軍裁減至二十萬，憲兵由三萬多人裁減至五千人，現在可能已經沒有兵力軍紀糾察了，路上也看不到憲兵巡邏車了！

小流氓惹事

早上站六八哨（六點到八點）的安全士官、大門哨及師部哨這三人要負責早班九點至十二點的車巡，另外還會指派一人，共四人一起出去車巡，若是快九點了，車巡還沒出門，連長就會開罵：「車巡還不出去！」，若十一點出頭就回到連上了，連長也會罵道：「現在才幾點，車巡再出去！」要接近十二點才能回到連上。白天騎機車車巡，一班要騎三、四小時，常常騎車騎到屁股痛，所以中途都會找個人少的地方，上一下洗手間喘口氣！

我剛到官田不久，有一天早上站六八哨，下哨後吃完早餐，沒得休息就要出去車巡，那天連上剛好兵力不足，只有我與阿華兩人，我們騎機車經過新中營區大門，左轉沿營區旁小路前往靶場，發現很多新兵在打靶，忽然有一位上尉軍官由路旁土堆上跳下來，站在小路上攔住了我們，我與阿華隨即停車向軍官敬禮，軍官回禮後說：「剛剛有幾個小混混，才從這邊經過，嘴裡一直罵個不停，不知是什麼意思？」

阿華轉頭看著我說：「我們去看看。」我們雖然才兩個人，但是不處理也不行。我們往靶場小路前進，忽然間，有兩部機車三個人向我們迎面而來，我覺得心臟開始加速直跳，右手握著槍枝，準備要動手了？當他們經過我們身邊時，嘴裡好像還罵了兩句才悻然離去。阿華轉頭對我說：「應該是他們吧？」他們可能住附近，也許對軍方有些不滿，故意來搗蛋，騎車經過小路，對著部隊大聲罵三字經以爲好玩。

我們兩人都是菜鳥，沒有處理民人（百姓）的經驗，要抓他們去派出所嗎？他們若辱罵執勤中的憲兵，就是現行犯，我們可以逕行逮捕，若鬧上警局他們可能也會否認是在罵憲兵！我們還是追上去，但是對方已經快速離去，我們的老爺車也不可能追得上，阿華就問我說：「要不要向連部回報？」我說：「要吧！」阿華說：「我看回不回報，都會被罵！不報的話，長官會說：『爲什麼不回報？』，報的話，又會就：『一點小事就怕了！』」

我們回到連部之後，把狀況向排長報告，排長說：「幾個小混混就怕了！」小混混沒有指名道姓地罵三字經，長官也不想多事，沒有增派兵力去抓人的打算，但是提醒說：「小心槍枝被搶！」我想軍方還是要避免軍民糾紛，所以這類的案子只好忍氣吞聲了！

站兩歇四

站中午十二兩（十二點至兩點）的哨最吃虧了！既不能午睡，下哨後還要擔任午班車巡的勤務，所以大家都不喜歡站這一班哨，有一天我早上站六八哨，下哨去車巡回來後，林班見了我就說：「快去廚房吃飯，你要站十二兩的哨。」我看了牆上的哨表，因為有臨時勤務，兵力變少了！我覺得我接著上哨我會體力不支！我就抱怨說：「林班！我站十二兩的哨，下午又要車巡，我早上才車巡的！」林班無奈地說：「沒人了！三個人釘一個哨就是這樣！輪到別人的話也一樣！」

若是兩三天沒有排到車巡，會覺得車巡出去逛逛很不錯，如果一天排一班車巡也還好，如果一天排兩班車巡，就會覺得很累，因為白天兩班哨，夜晚也固定一班哨，還要找時間洗衣、燙衣、擦鞋，會體力不支！

一個哨至少要有四個人輪流站，如果其中一人臨時有事，變成三個人站一個哨，大家都會受不了，因爲白天站兩歇四撐一下還可以，夜哨八小時由三個人分配，一人至少要站二小時四十分鐘！只能睡五小時左右，誰受得了！若是一、兩天如此或許還可以，若是連續好幾天，任誰也受不了！

（八十四年發生光復橋憲兵命案！驚動全國！憲兵以往以冷峻的外表和威嚴的隊伍，就能使歹徒望而生畏，但是蔣公去世後，威權時代已過，若遇上亡命之徒，危險就發生了！這事件也導致不久之後的橋樑撤哨！

據電視新聞報導，橋哨是三個人釘一個哨，夜晚一人要站將近三小時，睡不到五小時，若不是當過憲兵，很難體會憲兵長期的睡眠不足與體力透支的情形！橋哨接近馬路，沒有防禦縱深，無險可守！況且那個哨的兩位憲兵都是剛下部隊的二兵新兵！

事發後，軍方開始重視衛兵排哨的缺失！我想應該是兵力不足、勤務繁重造成的！近年來軍隊已有「夜哨補休」之規定。）

抓便服違紀

有一次我與阿泙兩人車巡，去新中、大內營區都看不到阿兵，經過隆田火車站時，阿泙發現月台上有兩位留短髮穿便服的疑似軍人，阿泙說：「我們去月台看看。」我們兩人走進車站候車室，看有沒有軍人，引起候車老百姓的注目，我與阿泙走到剪票口，阿泙跟剪票員說要進去月台看看，剪票員就開門讓我們進去。

我們走到第二月台，那兩位疑似軍人沒有跑走，我想應該不是軍人，阿泙還是上前索取證件，兩位高中生乖乖地拿出學生證，讓我們有點難爲情，因爲我們很少看走眼（一般阿兵穿便服在搭配上，或者看其動作神情都不難辨別），我們只好閒聊兩句「放學了？要回家了？」然後再給點微笑作作軍民關係。

輕騎綠燈戶

隆田火車站附近的小巷子有幾家綠燈戶，我們車巡時都會去繞一下，看看有沒有軍人，也順便看看濃妝艷抹的女人，而她們常常還給我們木然的表情，心裡不知是討厭我們嚇走軍人，還是感謝我們維護治安？

新營火車站附近也有幾家綠燈戶，有一次我們騎車經過，學弟說：「坐在外面那個長得不錯。」其實穿上憲兵服就要莊嚴，不能隨便左顧右盼，也不能看到女生盯著看或回頭看，坐在白車上也是不能隨便轉頭或回頭。

抓機車違紀

連上抓騎機車違紀的件數一直都很少，甚至常常掛零，所以連長就下令抓兩件放一天榮譽假，大家爲了多放假，幾乎每天都有收獲。

有一次我與阿洲在新營看到了一位軍人騎機車，我們就追上去，追了幾條街之後，那位軍人棄車，且企圖翻牆逃走，我就往他腰部一抓，拉了下來。對方想必也是爲了方便才騎機車，但是國軍每年意外車禍死傷的人數有增無減，所以軍方才會禁止軍人騎機車。有時候我會心軟別人的求情，但是好不容易才抓到一件，連長又有壓力，所以只好讓對方失望了！

還有一次在六甲的街上看見一位阿兵騎車迎面而來，我就揮手示意他停車，阿兵看到我們攔車，並不聽制止，反而加速突圍離去，我們追了上去，最後他的車子倒在市場的攤販旁邊，人跑到民宅裡面去了，當時吵雜的市場忽然安靜起來，攤販們都暫停了交談、買賣，幾十個人的目光都投向我們，但是沒有人出聲講一句話，鄉民們的眼神好像在說我們：「幹麼抓人！」我抓不到人，就把機車扶起。我們走了之後，市場才又恢復了吵鬧的人車聲。

一段時間之後，連部就不再要求抓機車違紀了，我們看到也不追了，因爲對方都會加速離去，我們的機車老舊，執行上也危險，所以又恢復以往四五十的時速慢慢騎。

吃力不討好

新營是台南縣政府的所在地，人口多，軍營也多，經過我們強力取締之後，騎機車的軍人少了，但是民怨卻高了，學弟說：「有老百姓放話，要我們放假外出時小心一點！」我們住北部的同志都是到嘉義搭遊覽車，避免在新營搭車。

有一晚在新營街上都遇不到阿兵，眼看已經快九點了，沒記半件違紀回去無法交代，班長說：「去營區附近看看！」白車在離營區大門前一百多公尺處，發現許多阿兵，其中有一位短髮便服的疑似軍人，班長示意說：「前面那位便服！」駕駛機靈地開過去，到達阿兵身旁時急停，班長熟練地下車，同時兩位後座憲兵早有準備迅速跳下車，三人圍住阿兵，阿兵停下腳步有些驚嚇，但是並不慌，準備轉身逃跑時，身體有些移動，班長馬上抓住阿兵手腕說：「補給證跟假單！」阿兵沒有回話，眼神卻飄移，忽然奮力一甩手，然後以衝百米速度跑向營區大門，街上其他的阿兵，也有人跟著快跑，有人快走，由於其他人沒有明顯違紀，我們只好離開。

解嚴後車巡

七十五年九月黨外組黨後，政府就決定要解嚴，於七十六年七月十五日解嚴！有一天晚上在新營街上遇到一位阿兵，阿兵也發現我們，就往巷子裡跑，白車開到巷子裡，我們三位憲兵下車準備攔查，忽然民宅有一位二十來歲的青年跑出來攔住我們，並對著阿村罵說：「他又沒怎樣，你們幹嘛抓他，抓兵抓那麼兇？我也當過兵！退伍了啦！」我在一旁警戒，注意四周有無其他人。被他一檔，阿兵跑掉了，這種妨礙公務的人，可以抓去警察局，但是我們嫌麻煩，也就算了！

還有一次白天在新營的街上軍紀糾察時，一部雙載機車呼嘯經過，看到我們憲兵及憲兵車還向我們罵了三字經，那後座騎士對著大街大聲罵，應該就是對憲兵挑釁，但是如果鬧到警局，他們也不會承認是在罵憲兵！

當年社會上有解嚴及改革的呼聲，民間存在一股反抗威權的潛在勢力，憲兵與執政黨常常被畫上等號，當憲兵那麼累，卻是一些百姓討厭的對象？憲兵除了軍紀糾察之外，每天三班在台南縣的大街小巷與鄉間小路巡邏，對於治安多少有幫助！再說軍紀糾察還不是爲了維護軍紀以防擾民！

穿垃圾袋車巡

冬天的官田，白天出太陽話，會有點熱，等到獸雲吞落日，弓月彈流星時，嘉南平原的冷風吹起，常會令人受不了，站一班哨下來就會流鼻水，車巡時坐在敞逢的吉甫車上非常的「拉風」，若遇到寒流來襲時，溫度最低會降到五六度，那眞是寒風刺骨，苦不堪言！一直要到「斗標又向東指」（春天來了），我們開始洗冷水澡時，才得解脫！

憲兵不能隨便在憲兵制服裡加毛衣或其它衣服，因爲林班說那樣很臃腫很難看。我發現學長在衣服裡放進報紙，好像有一點擋風保暖的效果，老莫學長在大垃圾袋底部開三個洞當成背心穿在襯衫裡面，這招用來擋風也很管用。

我們從三月起，就開始洗冷水澡了，而師部連的阿兵可能要到五、六月以後，才敢洗冷水澡，因此他們都對憲兵另眼相看。

春天來臨，車巡不再受寒流之苦，但是過沒多久，就有夏蚊成雷，常在我們站哨時作群鶴舞空，站哨不能亂動，下哨後常常被咬得滿頭包，當時若有防蚊液就好了！我們當時只能用廉價的白花油、綠油精，但是驅蚊效果並不好！

四人抓一排兵

我常常覺得抓違紀只是做個樣子而已，因爲我們抓到的阿兵，都是菜鳥占大部分，菜鳥看到我們憲兵，都會立正向我們敬禮，而老鳥大多拔腿就跑，因爲他們知道我們憲兵不能跑（至於爲什麼呢？不雅觀吧！），有時候我們會出奇不意從背後接近，然後抓住了老鳥的手捥，即是如此，他們也會奮力掙脫，用衝百米的速度跑走。有時阿兵會躲入民房，照規定我們不能進入民房，不過有時候我們會命令阿兵出來，甚至也會進去抓人。

有一天晚上，四位憲兵騎兩部機車去車巡，經過隆田火車站附近的一家麵店時，我們看到約有二、三十位軍人在聚餐飲酒，他們看到我們之後，忽然跑出一個阿兵，站在麵店門口的亭仔腳，對我們憲兵破口大罵：「幹××，臭憲兵，我現在要退伍了，你們敢對我怎麼樣！……」

隆田火車站附近的人車並不多，這幾句話吼得方圓一百公尺之內的軍民都聽得清清楚楚，喝酒吵架本來在鄉下也平常得很，但是阿兵罵憲兵就格外地引人注意！

憲兵在眾目睽睽之下停車，回頭看著這一排的兵力與口出狂言阿兵，帶隊班長說：「我們進去抓人，小心槍枝被搶。」憲兵把機車掉頭，慢慢騎過去，停在麵店門口外馬路上，這時店內的阿兵騷動起來！四位憲兵手按槍柄，不理會麵店老闆，莊嚴地走進門去，阿兵們看到我們要進來抓人，就紛紛奪門跳窗逃去，有些阿兵在慌亂之中把桌、椅踢翻了，杯盤酒瓶散落一地。

我們抓住了即將退伍的酒醉士兵，拖出門來。照例這種嚴重的違紀要帶回處理，這時候麵店門口，圍了一大群鄉民，有些阿兵跑遠了，也停下來看戲，麵店老闆一直向我們說情：「喝酒醉，講瘋話，算了啦！」圍觀的鄉民也越聚越多，大家你一句、我一句，都在為阿兵開罪，我們剛好又不是開吉甫車出來，抓人回去不方便，我們既然要回了面子，也不想得罪老闆，所以就賣個人情，沒有帶回處理。

有些阿兵與百姓以為憲兵只能管軍人，不知道憲兵也具司法警察的身分，老百姓犯法我們也可以管，若看到了而不管，就失職了！

踢到鐵板

戒嚴時期憲兵有很大的權力抓違記，路上也常常看到車巡憲兵，不論志願役或義務役的軍官、士官、或士兵，在營外的言行舉止上都會注意軍紀。

我們抓違紀最高到少校，遇到中校通常都會給面子，但是一六八的士官偶而也會抓中校違紀，照規定我們最高可記中校違紀，上校與少將若有違紀也可以糾正，但不能記，中將以上若有違紀就不能當面糾正了，只能事後以書面報告。

用官階壓我們以避免被記違紀的軍官，若是口氣好一些就算了，否則一六八的士官可不吃這一套，不過林班有一次踢到鐵板，我們在新營的一個十字路口抓了一部四分之一T（噸）的吉甫車違規停車，當林班要登記時，押車的中校說：「暫停一下，就要走了！」林班不予理會，中校怒道：「我們現在正在演習，我正要趕去開會，中士班長，你誤了我的時間，後果你要負責嗎？」

中校翻臉大罵，由於我們不能抓演習部隊的違紀，又不確定中校是否在演習期間，林班本來強硬的態度隨即一八〇度大轉變，還替他們開路，讓他們趕去開會，事後林班說：「他們那裡在演習！」我想林班快退伍了，所以不願多事吧？

登記優良

當我升了上兵，或是由我帶班車巡時，因爲資深老兵可以作主，我除了違紀，也會記優良，有一次車巡到新營火車站，我們在車站大門前停車觀察四周，我忽然發現對面圓環有一位阿兵，就快速走上前盤查，這是一位由金門返鄉的二兵，穿著整套全新的草綠服與擦亮的新皮鞋，阿兵看到我隨即立正，向我敬禮時顯得有些緊張，我看了他的補給證與假單都沒問題，服儀也都很好，念他們身在外島很辛苦，我說：「你的服儀不錯，我記你優良。」這時兩位學弟也走過來幫我前後警戒。

阿兵以爲我在說反話，急得說：「拜託長官，能不能不要記，記違紀的話，回金門就完了！」我看阿兵一眼說：「記你優良，不是違紀！」阿兵那裡知道憲兵除了記違記也會記優良，苦苦求我別記，我讓他看了登記內容，他不再說話，但還是愁容滿面的離去！他返回金門應該會有榮譽假吧！

我當紅軍後，若是白天車巡已經登記一件違紀，可以交差了，我就不再刻意去抓，如果登記兩件，只會交出一件，另一件留給午班或晚班揁龜的同志去交差。一日我看午班車巡回營，我上前問同志說：「抓了幾件？」同志有些無奈說：「沒有！」我就拿一件給同志去交差。如果沒有用到，有時就直接作廢！

星光部隊

在我們的管區裡時常有外國部隊出現，他們頭髮留得很長，捲起袖子邊走邊吃，若依照國軍的標準，他們都要登記違紀了！他們看到我們憲兵經過並不會跑也不怕，還盯著我們看，因爲我們不會記他們違紀，他們是從新加坡來台灣受訓的部隊，聽說他們是募兵制的國家，當兵薪餉很高。

軍火販子

每天車巡其實也很危險，因爲從民國七十年以來，槍支被大量走私進口，一些強盜集團也在各地犯案，警察傷亡的人數因此逐年增多。我們憲兵單位也感受到黑槍的壓力，夜晚車巡、臨檢都穿上了防彈衣。

連長要我們晚上改以吉甫車巡邏，並加帶長槍，連長晚點名時說：「下午車巡回報水庫附近有民眾發現槍擊要犯，大家要提高警覺！」連長眉頭深鎖又說：「我們也不用破大案，或是立大功，你們站哨或是車巡，眼睛放亮一點！」放亮兩字加了重音！連長停了一會兒，舉起右手比出用槍姿勢說：「如果有人拿刀拿槍衝過來了，你就不用客氣！立即拔槍反擊，再對空鳴槍不遲！自己安全第一！以後晚上車巡一律開白車，加帶步槍！」

原來是午班車巡去水庫的路上，有民眾攔下我們憲兵機車，說在附近發現電視上報導的槍擊要犯，車巡馬上回報連部。那段時間的晚班車巡就沒有去烏山頭水庫上廁所，以避免發生危險。

從新營到新市的省道上，路上燈光昏暗，晚上一片漆黑，還好黑槍沒有找上我們，否則敵暗我明很危險！我們使用的手槍是三八左輪式的，不像四五手槍還要拉槍機使子彈上膛才能擊發，因此我們只要拔槍快就能制敵機先。

晚點名後幾位學長學弟在抽菸閒聊槍擊要犯，士官長對我們說：「下次上課我來訓練你們的反應，訓練拔槍，在地上滾幾圈爬起來，再拔槍，對不對？你站著不動打靶，歹徒又不會乖乖站著讓你打！」幾個老鳥抽著菸閒聊，對於值勤安全也有了心理準備，遇危險就先拔槍！記得學校老師上課時閒聊也說過：「歹徒拿槍，警察還需要先對空鳴槍嗎？」

被軍紀糾察

憲兵若是放假或洽公外出，只要不在自己的管區，跟阿兵一樣會被該區憲兵軍紀糾察。有一天我與阿琪去鳳山洽公，我們站在公車站牌喝飲料，阿琪看著遠方忽然說道：「學長！憲兵來了！怎麼辦？」我拿出上兵老鳥的態度說：「不用怕，沒關係。」阿琪說：「飲料要不要丟掉？」我的飲料還有一半，我說：「不用！」阿琪看憲兵過來時，還是把手上的飲料丟垃圾桶了。

憲兵機車快速衝過來，急煞車，後座上兵憲兵不等機車停妥，就熟悉地跳下機車，武裝上兵憲兵瞪大眼大步走過來對我們說：「邊走邊吃啊！」我們是站著喝飲料不是邊走邊吃，我沒有回話，武裝憲兵發現我們沒有逃跑，已注意到我們的黑臂章（憲兵專用臂章），知道是自己人，隨後另一部機車到達，後座下來一位中士問我說：「你們是那一個單位的，有沒有假條？」我與阿琪敬禮後，我回說：「我們在台南官田營區。」並拿出假條與補給證接受檢查，帶隊士官看了證件之後就說：「好了，沒事了。」證件還我們，我們敬禮後，士官又看我們的皮鞋一眼，四位憲兵就騎車走了。

我心想大家都是自己人，那有憲兵抓憲兵違紀的道理，那位上兵憲兵要離開之前，好像很不甘心沒有登記到！公車站牌眾多民眾默默看了這一幕，憲兵機車遠去後，一旁等車的阿伯跟我說：「你們是憲兵，不然就被記了！」

六、在芒果上簽名

春天使官田一望無際的綠野平疇顯得欣欣向榮，在薄霧的清晨裡看起來眞像一幅畫，當天氣變熱時，我們營區裡和附近馬路的芒果樹上就長滿了芒果，但是營裡的芒果都來不及長大就都被吃光了！

我們憲兵連門口的那一排芒果樹上的芒果，卻可以長到手掌那麼大也沒有人敢摘，因爲我們在芒果上面簽了名，先預約了，平常阿兵寧可繞道也不願走過我們的門口，當然更沒有阿兵敢來偷摘了！況且夠資格在上面簽名的憲兵，不是班長就是老鳥，有誰會爲了一個芒果去得罪他們？平時巴結都來不及了！連上集合點名時，連長總是表情嚴肅又不苟言笑，只有一次例外，連長看了簽名的芒果不禁笑道：「林班！怎麼都是你的簽名？」

在下過雨的午後，大家都會搶著要去車巡，因爲可以撿到很多被雨打落的芒果。當芒果吃得差不多之後，龍眼也開始長大。隆田營區的側門旁，種了很多大西瓜，有一次我與阿洲車巡經過時，阿洲說：「好大的西瓜！」我就戲稱：「我們抱一顆回去。」阿洲笑道：「那麼大一顆，哪有辦法，又不是芒果！」車巡完回到連上，我跟阿泙開玩笑說：「我們撿到一顆西瓜！」阿泙笑說：「哪有可能！」

新中營區的附近種有小蕃茄，官田營區的附近種有甘蔗，後門種了玉米田，我們每次車巡經過這些農田時，看到這些成熟的果實，我們心中就產生了物動求生的原始念頭，就像猴子見到水果似的，眞想摘一些下來吃！

夏去秋來，半夜星空銀河兩旁的牛郎、織女與飛馬座漸漸下場，接著上場的是金牛座、七姊妹與獵戶座、天狼星，全天最漂亮的七姊妹星團，以軍用望遠鏡看起來就像一團數以百計的寶石，而天狼星是一顆眩目耀眼的鑽石！

秋天的官田暑氣未消，此時官田的菱角就可以開始採收了，省道兩旁到處可見划著輕舟的採菱姑娘，在夕陽餘輝與綠水銀波的相襯之下，盡是一幅幅美麗的豐收圖。這一幕採菱的情景，使我想起了採蓮謠：「江南可採蓮，蓮葉何田田！夕陽斜，晚風飄，大家來唱採蓮謠，你划槳，我撐篙，欸乃一聲過小橋。」官田的菱角是全省有名的，新營到官田的省道兩旁都擺滿了一攤攤的煮菱小販，一大包才幾十元。

每天早晚車巡都會經過省道，這些採菱煮菱的情景看在眼裡，我們都不禁垂涎三尺。有一次學弟忍不住問說：「班長，我們買一包可以嗎？」我們就趁著黑夜，在柳營附近停車買了一包菱角，農婦看到憲兵開著吉甫車來買菱角，就不計成本多抓了兩把給我們，我們只好陪著笑臉道謝。

我們端坐在白車上，當路上的燈光微弱時，我們就「偷」吃了起來，也許是偷吃的原故，覺得特別可口。我們身在營中的人，能吃點東西就覺得非常的有趣，好像得到了很大的快樂！駕駛兵阿男看我們吃得津津有味，不禁邊開車邊說：「學長！學長！我也要吃！」

七、憲兵不怕禁閉室

禁閉室是關一些犯了錯的軍人，被關除了出操上課，大部分時間是待在空蕩蕩的寢室裡，寢室除了床鋪，角落有一個蹲式便池，便池前面有一道長寬約一公尺的小牆略爲可以遮蔽，除此之外寢室空無一物，寢室鐵門上鎖，門外有士官兵看守，室外有一小片空地可以出操上課，圍牆門口有衛兵站哨，像是小型的監獄。

以前師部的禁閉室是由中士班長帶領幾位學長看守，來到禁閉室的軍人要先理光頭、拔下軍階、班長每天就帶著光頭阿兵跑五千公尺、出基本教練，若遇到頑固不聽話者，就衝五百障礙，在高牆上翻過來翻過去，翻個幾次之後頑石也點頭了。

通常來禁閉室者，看到憲兵把關，大都很聽話，憲兵的體能大都比一般阿兵強，憲兵帶阿兵一起跑五千，阿兵就沒話講，班長說，有的兵關久了，體能會有進步。

後來可能因爲憲兵兵力不足，改由陸軍的士官兵看守，這麼一來，看守的人若在混（不想得罪人），被關的人也好混了，這種情形被新師長發現後，要求我們憲兵每天車巡都要到師部各營區的禁閉室巡察，看有沒有出操上課，還是整天在寢室休息（在混）。

每次車巡去新中大內營區的禁閉室，大都看到關禁閉的阿兵在練習立正，我們巡察的效果有限，因爲憲兵車一靠近禁閉室，屋頂的哨兵就會通風報信，所以我們抓不到他們打混的證據，有一次抓到阿兵沒有出操上課，阿勇走進寢室，看阿兵在做什麼？我守在寢室門口警戒，阿勇翻起軍毯，看有無藏東西，看守禁閉室的士官說：「剛剛有上課！現在是休息時間。」但是又當著我們憲兵的面，大罵屋頂的哨兵在混，沒注意憲兵車來了！士官大聲罵說：「你在混啊！憲兵來了都不知道！」

新師長甚至要求車巡憲兵也要對師部所屬的四個營區的正門、後門及側門的衛兵崗哨進行軍紀糾察，看衛兵站哨時有沒有在混。以前車巡經過營區崗哨，我們不會去管他們，因爲有查哨官會去查哨，查哨不歸我們管，但是現在新師長有要求，我們就要注意衛兵有沒有「併哨聊天」、偷吃東西、打瞌睡？若發現了，我們就上前糾正，甚至登記違紀。

有一次我與阿泙機巡經過隆田營區側門，兩位衛兵竟然看到我們還繼續在說話，通常衛兵站哨看到憲兵一接近，就會馬上停止講話站好衛兵，我們也不會去追究，因爲衛兵已經改正，但是視我們爲無物，阿泙就停車，上前看看他們在聊什麼？我站在一旁警戒，衛兵顯然不知道新師長已經下命令給憲兵，還認爲站哨不接受憲兵軍紀糾察，阿泙說：「以前是沒有沒錯，現在是師長下的命令！」

官田憲兵以往車巡只管營區外，現在師部的營區，連營區內的禁閉室及衛兵崗哨都要管，慢慢地引起了阿部的不滿及反彈，連長去師部開完會後，回到連上晚點名時說：「軍紀糾察要注意禮節，以後你們一下車要先敬禮，就算是下士或士兵，你都跟他敬禮，那他們就沒話說了。」（威權時代已過，解嚴後，憲兵執行軍紀糾察時，在禮貌上、態度上要有服務三軍的心態，以避免令人觀感不佳。）

還有一次晚點名時，連長皺著眉說：「新中大內營區的大門衛兵說要看你們車巡憲兵的證件，你們指著自己的手槍來證明是憲兵，又被講話了！以後你們車巡要帶著師部營區的識別證，進入營區大門要給衛兵看，不要落人把柄。」

我們憲兵連從來就沒有一個人被關過禁閉，因為連長認為我們去關禁閉反而不用每天辛苦的站哨，每晚還睡通宵，看守的士官兵也不敢操我們、管我們，我們去關簡直是度假，大家會很喜歡被關，所以我們犯錯一律以禁假處罰。

事實也如此，每天站哨、車巡又出操上課，寒冬半夜起床接衛兵，說有多痛苦就多痛苦，若被關禁閉的話，每天睡通宵一定比較輕鬆！因此別人視此為畏途，我們睡眠不足，想當它是避難所！

我剛下部隊不久，阿部就送來一位中等身材的阿兵到憲兵連，說要送禁閉室，林班就命令阿炳學長與我一起押解阿兵去禁閉室，阿兵沒有上手銬，應該不是什麼大罪，學長站在阿兵左邊，我站右邊，我們抓住阿兵左右手臂，走到師部大操場時，學長抓住阿兵的手就放下了，還跟我說不用抓了！三人就並肩慢慢走著，我心想：「阿兵若跑了，不是換我要被關？」學長與阿兵閒聊兩句，不久就到禁閉室，禁閉室在後門旁的小山丘上，禁閉室旁邊是廚房、集用場、油庫、彈藥庫等。

（一百零四年四月，立法院三讀《陸海空軍懲罰法》修正案，禁閉室走入歷史，廢除「禁閉」修正為「悔過」，悔過制度不再限制犯錯士官兵的人身自由，「悔過室」的寢室與浴廁也分開，設備已經與一般營房差不多，並取消體能訓練，只有簡單的徒手基本教練立正、稍息等，每天還可以睡飽八小時。）

（每個人的體質不同，有的人甚至不知道自己有無心臟病，出操上課，若身體不舒服，一定要向幹部反映，並注意補充水分，以免出意外！）

八、會客談女友

連上士官兵有女朋友的人並不多，假日若有女朋友來會客，會很有面子。只有一位班長及一位學長有女朋友來會客，看到女生來憲兵連會客，大家都爭相詢問，當同志答以：「我女朋友。」令大家羨慕極了！沒有女朋友但是有女性朋友來訪，那也令人很羨慕！大部分的人跟我一樣，都沒有人來會客！我心想要得到女生回信已經很難了，要約出來也很不容易，更別說來會客！

溫班好像認識不少女孩子，但是不曾看過有人來會客，有一次溫班收假回來，很興奮地說又跟誰出去玩了，我聽了一笑置之，溫班就問我說：「你有沒有女朋友？」我搖頭說：「沒有！」溫班又問：「沒有？爲什麼你的信那麼多！」我笑說：「那是寫好玩的，普通朋友而已！」溫班笑說：「現在什麼時代了，還有普通朋友？」後來溫班又說：「你認識這麼多人，爲什麼不交一個？」我本來要說追不到，但他又不信，我就開玩笑說：「我怕被纏上！」溫班哈哈大笑說：「我只聽說過怕追不上，那有人怕被纏上的？哈哈哈！眞是笑話！哈哈哈！」

其餘班長好像也都沒有人來會客過！不知道有沒有「暗槓」起來？士兵裡會過客的有三三六、三三七、三三九、三四四梯等學長學弟，但是大部分的人，都沒有女性友人來會客，甚至連家人也沒來過，大概因爲家人都太忙了，也太遠了，其實來了也沒有什麼時間會客，因爲我們假日最忙，要增派三個交管哨，幾乎沒有多餘的兵力讓你去會客！會客時間可能只有短短半小時吧！該上的哨還是要上。

阿泙也問我說：「你倒底有沒有女朋友。」我說：「沒有！」阿泙懷疑說：「哪有可能！」我說：「手都沒牽過，算嗎？」阿泙看我一眼說：「不用假仙了啦！我看你不知已經交了幾個！」

週日連長放假不在，大家在營區裡雖然勤務比較重，但心情比較輕鬆，一群男生聚在一起就會談女朋友，還要臭彈（吹牛）誰比較厲害，花多久時間就追上了，有人說約會兩三次就追上了，有人說約會一次就追上了！

一六八班長睜大眼下巴上揚環顧左右不可一世地告訴大家說：「有一招屢試不爽，你們想不想知道？」大家都洗耳恭聽，班長繼續說：「你進了賓館之後，先去洗澡，洗完後，光著身子出來，就成了！」說罷，有人大笑，有人大罵：「死不要臉！」「丟人現眼！」最後大家都哈哈大笑！

九、放假的日子

憲兵的入伍訓練時間十六週，比一般阿兵多八週，下部隊後勤務重放假少，尤其當年示威遊行變多，日曆見紅就「停休戰備，機動待命！」憲兵單位停休是家常便飯，休假也常常被緊急召回，很多單位直到退伍，假都還沒休完，被欠假到退伍！

我們在官田無論一個月有幾天紅字（國訂假日），一律只放一次四天三夜的假，由於士官兵來自全省各地，所以都放連假以利返鄉。我放假都是搭公路局直達車到嘉義車站，大約要花一小時，再轉乘錦義遊覽車（野雞車）到台北車站，大約要兩個半小時，再搭計程車回家，大約一小時，晚上六點放假，回到家已經十一點多了。

放假回家過過老百姓的舒服日子，除了見家人外，也找不到同學朋友可以出遊，同齡男同學都已經入伍，女生不是女朋友也約不出來，要是能約出來看場電影或是喝咖啡那就太棒了，也許有機會變成女朋友！放完一次四天假就要再熬一個月才放，身心的壓力非常大！

收假當天至少要預留六小時搭車才不會逾假，先搭火車到台北站，再搭錦義遊覽車到嘉義車站，再搭公路局直達車到官田，若時間來不及，下車就跑步回連部，當兵時體力好，隨便跑一公里都不會喘。

有時放假回台北還要「順便」出勤務，有一次回台北順便去憲兵司令部對帳，還有一次押槍回台北，也是順便放假。

押槍

我們官田師部的卡賓槍要送到台北集中保管，本來師長要委託鐵路警察押槍，但又不放心，最後決定由我們憲兵押槍，連長派阿寶和我押槍北上，任務完成後順便排休假。

我們早上由隆田車站出發北上，普通車每一站都停，靠站時我們要注意月台的乘客，不要讓民眾誤上貨車廂，列車開動就沒事了，到台北已經是傍晚了，貨車廂拖到定位後，隨行的師部阿兵都跑去吃晚餐了，留下我們兩位憲兵看守槍櫃，穿武裝憲兵服一整天也都還好，不算太累，因爲可以走動，最怕警衛哨連續幾小時不能動才累人！不久，阿兵們用完餐回來，還幫我們帶了便當及飲料，我與學長輪流先後用餐，阿寶學長說：「你先吃。」

新店營區派軍用卡車來後站運槍，阿兵們幫忙搬運槍櫃，我們憲兵坐在卡車後面，隨車看守著槍櫃，途經公館時剛好是下班塞車時間，跟在我們卡車後面的轎車駕駛、機車騎士和公車族都對我們武裝憲兵投以好奇的目光，這是我當憲兵以來，第一次穿憲兵服來台北値勤，最風光的一次，我要是向他們做個笑臉，一定可以舒解他們塞車之苦，不過這是不可能的，我又想，師部運槍的消息不知道有沒有保密，若有心人要來劫車的話，那也很危險！

把槍都運到新店營區之後，我們才鬆了一口氣，營區阿兵對我說：「我們營區不准帶槍進來，你的手槍我幫你保管。」我猶豫了一下，他指著牆上的禁令給我看，阿寶學長說：「給他沒關係。」我把子彈卸下，才把手槍交給了他，這位阿兵拿了我的槍，好像很得意樣子！因爲阿兵平時怕我們怕得要命，今天他繳了我的械，好不高興！

師部阿兵辦完手續後，任務完成，我與阿寶回到台北車站，打了電話向連長報平安之後，我們把槍彈寄放在車站憲兵分隊裡就放假去了，我們辛苦了一天，也沒有多放一天假，不過我知道，每人排四天假已經是很勉強的了！

友人阿吉

有一天國光告訴我說：「阿吉在你們官田入伍訓練。」我說：「我再去看看他，假如他違紀的話，我可以幫他劃掉，叫他有事的話，就來憲兵連找我，我已經是老鳥了，在官田還吃得開！」

有一次我要收假時，台北車站的人潮特別的多，不知高速公路又出了什麼事，火車票自然是買不到，我就去公路局西站碰碰運氣，在那裡等後補的人也是大排長龍！有一位計程車司機對我說：「到台南還缺一人！」我捨不得坐計程車，因爲要多花好幾百塊，我就說：「那麼遠坐計程車不舒服！」司機怒道：「那你去坐卡車好了，位子最大！」有些司機的脾氣不太好，下次若遇到拉客，就搖頭揮手並快步離開現場是最好的方法。

我趕緊跑去錦義公司看看遊覽車來了沒有，公司的人說：「高速公路出事了，車子晚一點才會到！」我想這下子完了！今天一定會逾假！在軍中是「沒有理由、沒有藉口的！」逾假就逾假，那裡管你是火車撞到牛，還是汽車爆胎！

我正憂心忡忡時遇到阿吉，阿吉手上的車票時間早我三十分鐘，阿吉說：「你趕時間，我的車票跟你換。」我說：「眞謝謝你！」阿吉說：「沒關係啦！我收假的時間比你晚，你先坐。」還好遇到朋友，不然就要逾假了！

我在官田的日子都很忙，也不能離開安全士官的視線，不能讓安官找不到人，去福利社也不能太久，所以我沒有時間去看阿吉，雖然在同一個營區，要去看他一下也很難，有一天中午我剛下哨，我估計跑去找阿吉，去回也許只要一、二十分鐘，應該不會有事，我就跑去阿吉連上，找到阿吉，剛好有教育班長在場，我就請班長多多照顧，班長看我是憲兵，也點了頭，時間有限，也只能這樣打打招呼，我就趕快跑回連上，還好沒有長官找我。

（憲兵楊榮華捨己救人故事：民國三十八年，駐守臺北車站的憲兵楊榮華，跳下鐵道搶救孩童，壯烈殉職！目前楊榮華殉職紀念牌安置在北車地下一樓高鐵售票處的對面，表彰楊榮華捨己救人的英勇事蹟！）

家書抵萬金

既然一個月只有四天假，打電話又不方便，就只好多寫幾封信以解鄉愁。

父親雖然只是小學畢業，但是寫起信來卻有很道理，我剛入伍時，要我聽長官的話，鍛鍊身體，報效國家，下部隊以後，又要我多唸書，將來插班大學，因爲「拿筆」比「做工」輕鬆！但是父親不知道我們根本沒有時間可以唸書，而且我想父親年紀那麼大了，怎好還拿他的辛苦錢去唸書？我退伍後趕快找工作賺錢倒是眞的！有月薪一萬的工作就不錯了！

母親的來信比較簡短，要我多穿衣服，沒錢就寫信回家告訴她，但是母親不了解我們憲兵有一定的制服，不像阿部在天冷時，衣服可以多穿幾件，就算穿得像肉粽似的也沒人會管，我們憲兵不能亂加衣服，頂多襯衫內塞一些報紙，或是穿垃圾袋吧！

大姊也時常來信，七十五年四月生了個小男孩，她高興得不得了，我們全家也都很高興。大姊也是要我再插班大學，讓我覺得壓力很大！二姊大學畢業後，卻覺得所學還不夠，也積極地準備升學考試。我與家人的通信幾乎一、兩週就寫一封，大都是一些問候的話，我在軍中適應良好，家人比較不用爲我擔心。

有人說當兵的人最現實，平常沒寫信，一入伍就一直寫！除了家人之外，有地址的朋友我都寫信！以前通過信的男女同學也都來寫吧，有些人不回信，有些人只回過一兩次，每次都回的忠實朋友，那是非常的珍貴！如果還約得出來見面，那就太棒了！那年代沒有麥當勞，沒有便利商店，約會地點只有冰果室及咖啡廳，一杯咖啡一百五十元，兩杯三百元！約會的代價不小！冰果室吃冰喝飲料算是比較便宜的消費。

十、巡車看風光

在官田勤務繁重，一個月才放四天假，在營區連續待了三十天壓力很大！還好我們可以利用車巡結束後的剩餘時間到處去逛逛，帶隊班長也會在中途讓我們休息片刻。

大家心照不宣，都喜歡走一些不同的路、看不同的風光，聊以解軍中之悶，因此台南縣各鄉鎮的大街小巷我們幾乎都走遍了。

有時早上會去善化、新市的市場或廟口看看人群與攤販，回憶一下老百姓的生活，如果路上有小姐，就算砰然心動，也不能多看一眼或回頭，我們的表情要嚴肅，而且目迎不目送。

有一次走海線的北門、將軍、七股等鄉，去

看一望無際的鹽田，並到過兒時進香來過的南鯤鯓代天府，這廟的牌樓大概是全台最大的吧！

林鳳營休息站

連部沒有規定車巡中途能否休息，通常由帶隊班長作主，中途休息個十分鐘並上廁所。白天完成營區巡視，回程大都在人車稀少的林鳳營車站休息片刻，這車站平常沒人，只有上下班時間才有一些學生來搭車，車站前有一家雜貨店兼賣小肉粽，有一次班長說要請客。我心想班長可能業務太忙沒吃飽？

我向班長說：「這樣好嗎？」班長說：「沒關係啦，吃一下就走了。」班長好像要巴結我？但是我總會想起車巡路邊睡覺被判刑的可怕例子！當兵能吃點東西就是很大的幸福！但是擔心出事的情緒已經蓋過了小肉粽的美味！

我們臨走要付帳時，阿婆堆著笑臉客氣說：「免啦，免啦！」電視劇裡的古代官兵在客棧裡總是作威作福，阿婆的表情就像古時候的店小二一樣，不敢收官兵的飯錢。班長笑著說：「阿婆，不行啦！」付了帳，我們才離開。

烏山頭水庫

水庫離我們官田營區很近，平日遊客少，附近有一家冷熱飲的路邊攤，有一次平日經過時，學弟說他認識老闆，我們看四下無人，就停車休息一下，騎長途機車，屁股也眞的會痛，拿下白帽，有椅子坐一下，這就是很大的幸福！

老板看到憲兵來，總是很客氣、很熱情地邀我們入坐喝茶，這就像是古時候官道上的茶棚小販，總是對路過的官兵盡情招待一樣。可是我們並不敢在光天化日之下吃東西，後來被一六八的班長知道後，就嚴令我們不能再去。

我們不但白天喜歡去水庫繞一下，晚上也常去，水庫有國民旅館可以住宿（烏山頭湖境度假會館），晚上幾乎沒有遊客會去水庫區或在水壩上行走，我們車巡最喜歡找四下無人的地方，可以休息片刻，水庫的遊船碼頭是很適合的地方。

坐在碼頭休息，夜晚的烏山頭寂靜無人，望向嘉南平原，點點萬家燈火，一片寂靜安祥，住一晚一定很棒吧！如果遇到村民夜晚釣魚或遊客，我們就會馬上離開，以避免發生危險，或是被人發現憲兵在休息，打混也要罩子放亮。

拜訪水果部老闆

有一天晚上車巡由學長帶隊，出發前就有點風聲，學長告訴我說：「車巡完要去找人（找地方休息）。」我們先去幾個營區巡視，固定路線車巡完畢之後，還有時間，就往偏僻的鄉村小路走，車停在一家離官田營區不遠處的民宅，我們三位學弟跟著學長脫下帽子，學長微笑著帶我們進屋子去。

屋主原來就是福利站新設的水果部老板，客廳茶几上有兩盤已削好皮的水果，學長與老闆閒話家常，老板看我們三位學弟正襟危坐不苟言笑，就招呼我們吃水果，我們猶豫了一下，學長先動手拿了一塊水果吃並看著我們說：「吃啊！沒關係。」我們就跟著拿起水果來吃。簡簡單單平平凡凡的喝茶吃水果，對我們來說，就是天大的幸福，難得的享受！

不久，水果部的美少女面露微笑端著一盤水果走出來，大大的眼睛雞蛋臉，長髮披肩，苗條的身材，她在師部可謂是「傾連傾營」，全營區唯一的美少女，大家都很喜歡接近她，她笑臉常開太可愛了！學長站大門哨，每天水果部車子進出，所以跟老闆熟識。

憲兵追憲兵

不論是在路上或是電視上看到其他單位的憲兵，我們都會覺得有親切感，還會看看他們制服的燙線挺不挺，皮鞋亮不亮，站姿標不標準，但是若在自己的管區看到，我們就會眼紅！

黃班有一次帶隊車巡在六甲遇到了其他單位的車巡憲兵，憲兵遇到憲兵分外眼紅，雙方都停下車子，一度劍拔弩張，對方帶班士官質問黃班說：你們是什麼單位的？黃班也反問：你是什麼單位的？這裡是我們的管區！

他們可能是偷跑到我們的管區烏山頭水庫來玩了，還爭辯六甲是他們的管區，竟想記下我方的車號，黃班見狀也令阿輝記下對方的車號，由於黃班個性溫和不想多事，並沒有為難他們，不過他們理不直氣壯，竟也不甘示弱！

官田憲兵的管區從新營到新市，我們也不能越區，以免遇到其他單位的憲兵，越區車巡算是違紀，在台北市有四、五個憲兵隊，各有各的管區，若有憲兵車追憲兵車，那一定是前面的憲兵車越區了，要趕快「逃」回自己的管區，否則被抓到了會被記違紀。

阿東早我十個月入伍，他是守副總統官邸的憲兵，官邸由一隊警官與一隊憲兵看守，聽說轎車有很多部，可以時常換著開以策安全，每次出門的車隊都有四、五部車子，主角坐那一部車並不一定，車隊走在路上有優先權，其他車輛都要管制，通常車隊前後還有警車護衛。（解嚴後，不論在市區道路或是高速公路上，警察交管有時候會遇到駕駛按喇叭抗議，因爲駕駛不願等五分鐘讓官員車隊優先通過，交管就比較辛苦了！）

阿東後來調去新店軍人監獄，他說：「若是上校以上的人犯，兩個人關在一個房間，若是中將以上的話，一個人住一間，裡面設備不錯，像一間小套房。」我說：「當了那麼大的官還會犯什麼罪呢？」阿東說：「小軍官還有可能逃官，做到將軍就不是逃官！」

無人的碼頭

烏山頭水庫的近還有一個尖山碑水庫，環湖的馬路上種了許多開紅花的鳳凰樹，幽靜的午後常有遊客來此散步，欣賞湖光山色，有一次下午車巡我與阿泙來到這裡，竟然看到一部二又二分之一噸的軍用卡車在此停留休息，我們上前檢查派車單，看軍車目的地在哪裡，是否違紀！

車巡最後一站常去烏山頭水庫，入口收票亭旁邊有一個停車場，有廁所，有共用電話，晚上沒有路燈、沒有遊客、又四下無人，我們可以在此休息片刻，洗個手或者趁機打公用電話回家講幾句話，在營區不方便打公用電話，難得機會我打電話回家：「我阿曜啦！」家人驚訝地回說：「你放假喔？……」平常與家人一個月才見一次面！

元宵那天我剛好午班車巡，學長提議去鹽水逛逛，但是下午還沒有烽炮可看，學長還開玩笑說要遠征離新營二十公里的關仔嶺，不過這個計劃一直都沒有實現。

（一班車巡三、四小時，年紀輕不覺得辛苦，但是最重要的是，注意自身安全，身上帶槍，容易成為歹徒的目標，隨時要注意四周人車，以保安全。）

十一、福利站官田之花

師部福利站有販賣部，洗衣部、皮鞋部、照像部、理髮部和水果部六部。我剛下部隊時，班長規定我們要過一個月後，才可以抽菸和去販賣部買東西吃，由於當時暑氣未消，我曾偷買了一瓶汽水喝，正好被老莫學長撞見，老莫就板著臉說：「誰讓你們去買飲料喝的？剛下部隊一個月不能上販賣部，你們不知道啊？被學長看到，你就完了！」

我們當時喝個飲料都要戰戰兢兢的，但是後來的學弟就比我們大方多了，常常麵包、汽水的吃得津津有味，有時我心裡不平就會恐嚇學弟說：「誰讓你們上販賣部的？剛下部隊一個月之內不能上販賣部，不能抽菸，你知不知道？被班長看到，你就完了！」

當時由於易開罐的大量使用，食品公司開發出很多的新產品，除了舒跑之外，還有八寶粥、豆花等的問市，當兵的人就是比較喜歡吃零食，軍中無以爲樂，吃零食算是軍中的一種「娛樂」，也可以舒解身心的壓力，難怪有人退伍後胖了五公斤、十公斤！但是我們憲兵連每天出操上課又跑步，不曾看過有誰吃胖了，變了身材！不過肌肉變結實了倒是有的！

有一天阿泙找我一起去販賣部買東西，阿泙說：「最近有一種金車萊茵香檳飲料好像不錯！」我說：「好啊！給你請！」阿泙笑說：「多謝你啦！」小時候想喝汽水，除了過年過節拜拜之外，幾乎不太可能，而香檳在我的印象中，覺得那是歐美貴族才喝得到的！想不到現在我們也可以喝了！我喝了幾口，覺得這種汽水還滿好喝的，但是覺得臉上熱熱的，走回連部時，阿洲看了我說：「你去喝酒哦！」我說：「那有！我最討厭喝酒了！」阿洲說：「那你臉怎麼那麼紅？」我說：「有嗎？」我就跑去照照鏡子，果眞紅了臉，阿泙笑道：「喝易開罐的萊茵香檳也會臉紅！」他還向鍾排、林班報告了，大家都覺得不可思異，後來學弟們都知道了，老一點的學弟還故意來找我聊天，看我是否眞的臉紅，然後竊笑不已！

洗衣部

洗衣部可以幫軍人洗軍服燙軍服，但是我們的憲兵服他們不收！因爲他們怕洗壞了或燙歪了線麻煩，所以我們只得自己洗、況且一個月才千餘元的薪餉，我們也捨不得送洗。

皮鞋部

我剛下部隊時，也學老鳥去皮鞋部釘兩塊小鐵皮在憲兵長靴的後跟上，以減少鞋跟的磨損。說也奇怪，這好像是憲兵的專利，幾乎全國的憲兵都釘了小鐵皮，而一般軍人是很少去釘鐵皮的，走起路來，發出清脆的鐵皮聲，憲兵軍紀糾察時，阿兵聞聲就跑！這麼一來，走路時不但有「風」也有「聲」了，覺得好不威風！

不過有一陣子，排長要我們拔掉鐵塊，他說大家走路都用拖的，發出的聲音吵死人了，大家只好把鐵塊拔掉，過了一段時間，學長又偷偷把鐵塊釘上去，這樣走起來才像憲兵！

至於擦皮鞋，我們憲兵連每天站哨前都要擦，每天大擦一次，小擦好幾次，隨時要保持光亮，大家都變成擦鞋專家了，用化妝棉加點水慢慢擦，有時鞋油放久了太硬，就點火融化鞋油，鞋油一層層擦上去，日積月累下來，皮鞋光亮如鏡。

理髮部

連長平時要求我們士兵理三分頭，士官則理五分頭，所以大家每次理髮時都顯得心不甘情不願！阿華有一次理長了一點點，連長看見後，竟然叫他再去理一次！

理髮部的大姊都與林班熟識，有時候知道我們上哨忙，會優先幫我們理髮，記得有一位長得黑黑壯壯的婦人，林班幫她取綽號爲「小黑」，還開玩笑說她是「官田之花」，小黑聽了哈哈大笑，整個理髮部也都一片歡樂笑聲，理髮也是難得的輕鬆時刻。

水果部

水果部眞的出現了貨眞價實的官田之花！全營士官兵精神爲之一振，水果部是福利站新設的部門，剛開始生意還不錯，因爲部裡有兩、三位年輕妹妹，因此大家都爭先恐後地去捧場，其中有一位長得清秀又活潑的長髮美少女，時常笑容滿面，眞是太迷人了！

阿兵鬧哄哄地伸長手臂爭買水果，但一看到我們憲兵走近，就安靜下來，自動排好了隊，即使我們脫了白帽（不在服勤中時間），只去福利站買些東西，阿兵看了我們也會守起秩序來。有一次我穿憲兵服去買水果，一些圍在販賣窗口打屁的新兵自動安靜下來，並讓開了一條路，新兵都不講話了，要讓我先買，官田之花在找錢時，又給了我招牌的燦爛笑臉，長髮、微笑、身材好！是阿兵們的夢中情人！我穿憲兵服當然不能笑，我不動聲色離開後，新兵們又圍了上去！

後來不知何故，水果部撤了！生意不好嗎？大家都在問爲什麼？眞是令人失望！

（我退伍之後，在台中的街上還遇過「官田之花」，我停車上前跟她打招呼，再次見面已經隔兩年了，她還記得官田營區，還記得憲兵連，她來到繁華的台中大都市，仍然不改「傾國傾城」的角色，身後總是有追求者！）

十二、三次逃兵開小差

師部後門附近的商家，他們提供軍人的一切所需，聽說不但有小吃小喝的餐食、還可叫外賣、還有賣軍用品雜貨、也有出租汽車的服務，這儼然成了營外的阿兵哥俱樂部！

營區裡有軍官俱樂部，像是一家咖啡廳，裡面有一個吧台，由一位熟悉西洋熱門音樂的阿兵在服務，賣些咖啡、熱茶、零食等，擺幾組咖啡桌椅，放一台卡拉 OK，平常阿兵會放一些輕鬆的音樂，但是一般士官兵禁止進入！雖說軍官才得進去享受，但是憲兵連連部就在對面，所以我們憲兵仗著不成文的「見官大三級」，也常常進去買飲料，但是裡面若是人多，我們就會識相地馬上離開，不敢坐在裡面喝飲料。

有一天發餉之後，連長命令我與阿泙帶著軍用望遠鏡去後門監視，我們躲在後門旁的草叢裡，餵了一些蚊子之後，果然發現有許多軍人偷跑出去買東西！我總覺得不平，爲什麼阿部那麼涼（輕鬆），而我們卻一天到晚都忙個不停！不過我也遇過一個被判重刑的例子。

有一天早上，我站八十哨，還好躲過六八哨（要去車巡），下哨後，站在清槍線上才剛御下子彈，一轉身正準備進營房去休息時，看見軍法官與連長正從連部走出來，我心想一定有事，又有臨時勤務嗎？

軍法官向連長說要一名憲兵押解人犯去軍部看守所，連長隨即對著我招手叫道：「阿囉！」我馬上答「有！」已經是老鳥了！心理不願意，但還是快步跑向連長並敬禮，連長說：「你去押車，送人犯去軍部看守所。」連長命我再裝上子彈，並說：「一路上小心！」軍法官轉身過來跟我說：「他是回役兵，已逃過兩次兵了，要小心！」

帶班班長又把剛剛卸下的子彈發給我，我站在清槍線上裝上子彈，我心裡正沒好氣，他敢脫逃的話，我就開槍，眞是的！八十哨本來休息一下就有午餐可吃了，接著可以午睡，現在可好了，出這個差，午睡犧牲了不說，出了事就倒大楣了！（人犯脫逃換憲兵進去關！）出發前我有五分鐘可以喝口水、跑去尿尿、並抽兩口菸。

四分之一頓的吉甫車上，除了駕駛、人犯和我之外，還有一名中尉軍官押車，我們車子在半路上停車，軍官下車不知道跑去哪裡？我在嘉義軍部待過幾個月，對嘉義市區並不陌生。

此時人犯對我開口說：「憲兵，手銬太緊了。」

我看了他一眼，人犯又說：「放鬆一點，你放心好了，我不會逃走。」

我右手按著手槍，左手摸了一下他的手銬說：「不會太緊！」

人犯睜大眼抱怨說：「我這次又不是逃兵，是被軍官弄的！要逃的話，還會只逃幾天？」

人犯又向駕駛說：「你回去之後，拜託你打電話給我「老的」（父母），叫他們趕快找人去講！花多少錢都沒關係！」

駕駛說：「好，我幫你打。」

人犯又說：「一定要打，還要快，叫我「老的」多找幾顆星星，趕快來救我，要不然就慘了！」

駕駛點頭答應並問：「你這次是第二次了？」

人犯看我一眼說：「第三次了！第一次逃了一年多，判了一年，第二次逃了三年，判了二年多！」

一會兒又說：「我這次眞的沒有想要逃，我一個月有十天假，再三個月就退伍了，我幹麼要逃？只不過出去幾天罷了！我還是自己回來的，又不是被抓回來的！」

駕駛問：「這樣就被送辦了？」

人犯搖搖頭說：「對啊！這樣算逃兵嗎？」

我心想：「離營超過三天，發離營通報，本來就算逃兵了！」又想：「算一算，他入伍時我才小學五年級呢！」

軍官上車後，我們繼續趕路，軍部看守所就在嘉義蘭潭附近，我一路上都很小心，也隨時準備拔槍，因爲人若跑了，換我進去關！軍中老是有人當不完的兵，甚至聽說還有父子同營當兵的事發生！當車子上坡往蘭潭時，我感覺人犯情緒有些波動，不安地看窗外又看車內，我剛好是左撇子左手有力，按住人犯雙手手銬，右手握住槍套。

吉普車進了看守所之後，馬上有兩位憲兵表情嚴肅地走過來，我把人犯拉下車交給所內的憲兵，這時我才鬆了一口氣，兩位所內憲兵帶人犯到一旁空地，命令脫光衣服，人犯面有難色，但也一一脫下衣服，光著身子接受檢查有無違禁品，然後做伏地挺身、交互跟跳，新進來要做一下體能，下下馬威！

由於午餐時間早就過了！所內一樓餐廳空蕩蕩，忽然間，阿義從餐廳裡走出來，我就上前打招呼，阿義問說：「你哪會來？」我回說：「押一個阿部逃兵來。」我找到連上支援看守所的阿義，就要他幫我們弄點吃的，不久，阿義幫我們煮了三份蛋花湯及三份蛋炒飯來，阿義煮得眞不錯，不久三三五阿宇也來看我，他說這裡每月六天假，眞令人羨慕！押車軍官辦完手續，也來餐廳用餐。

臨行前，我發現牆上的人犯名單，仔細一看，人犯有軍官、士官、士兵，犯罪內容爲逃兵、暴行犯上及盜賣軍品等。記得專科老師上課時跟我們聊天時說過，在外島當兵很多罪都是死刑，例如攜械逃亡、暴行犯上、強暴婦女，同學們聽了都對外島服役產生了恐懼！軍人在敵前、在戰時、與演習時（視同戰時）犯法，都會判得比較重！

過了一段日子之後，軍法公報刊出：「上兵×××，惡性不改，第三次逃兵，經憲兵隊逮捕歸案，判處有期徒刑六年，強制勞役五年，……。」大家都議論紛紛，有人說：「判六年，坐完牢時還要回去當兵！」黃班說：「對啊！判七年以上就不用當兵了，都嘛故意判七年以下，坐完牢叫你再回來當兵，你越要逃，他越要你當！」

阿華向大家說：「我爸爸以前在大陸當兵，他們逃兵叫作『開小差』，有一次我爸爸與幾個兵開小差被抓回來之後，他們五花大綁排成一排，然後一個一個槍斃！斃了三、四個之後，他們的長官就說：『好了！今天到此為止，下次還有誰敢開小差，就像他們一樣！』剛好斃到我爸爸身旁的那一個人為止！」我驚訝道：「那不嚇死了！」阿華說：「對啊！我爸說嚇得要命！從此就不敢開小差了！」

十三、交通管制強龍不壓地頭蛇

假日的新兵會客時間，是我們最忙碌的時候，因爲我們要多派三個交管哨在官田營區大門前的省道上指揮交通，雖然是累了點，但是站在交通指揮台上掌控數以百計的來往人車，疏通人車的成就感，既威風又神氣，比起不能動的警衛哨輕鬆又帥氣多了。

由於當年省道只有兩線（台一線拓寬爲四線道工程於一九九七完工），若有大卡車經過時，我們就險象環生了！有時載乾草的卡車寬度超過限制，我們會被迫暫時走下指揮台，否則卡車刷過，指揮台上的憲兵會變成稻草人。

營區附近的老百姓在會客時間，會占據營區大門前省道南北兩向的公車站牌，利用私人轎車（俗稱白牌車）充當計程車賺外快，偶有不知情的路過計程車在站牌停留拉客，便會遭到惡言對待，甚至有一次乘客選擇有牌的計程車，還遭到先行拉客的黃牛擋駕，

一位身材健壯穿著短袖短褲年約三十歲的黃牛罵道：「你什麼意思！」然後檔在計程車前不讓車走，睜大眼睛瞪著司機，這時又有一名黃牛也過來助勢，擋駕的黃牛又走到司機駕駛座旁罵道：「我們在這裡拉個半天，你載著就想走！」司機一言不發，無奈地坐在車上，我剛好站在旁邊交管，實在看不過去，我就上前向黃牛勸說：「好了！好了！讓車子走！」並把擋駕的黃牛拉開，黃牛一直瞪著駕駛座上的司機不理會我，此時車上一老一少兩名女乘客卻開門下車了，年輕女乘客怒道：「我們要坐那一部車也不行，乾脆不要坐算了！」我勸說：「沒關係，可以走了！」兩位乘客頭也不回地走了，空計程車這時候才得以脫身離去！這種強龍不壓地頭蛇的情況，在淳樸的鄉下也常常發生。

黃牛有時還假借找人會客進營區裡，卻在找會客家屬拉客，因此師部長官命令我們站大門的憲兵不要讓黃牛來營區拉客，執行長官命令的結果是黃牛開始對我們挑釁，有一位禿髮大肚年約四十歲的黃牛還對長相老實的阿輝學弟恐嚇說：「你放假出來時，給我小心一點，我就堵你！」阿輝聽了又氣又怕，向連長報告，同志們也都爲阿輝忿忿不

平，排長班長就找隔壁的軍法官，看要如何來辦他！我們可以通知警察來法辦這位黃牛！

還有一次假日會客時，我站在省道旁協助交管台上的憲兵一起指揮交通，忽然聽到背後有爭吵聲，回頭一看，營區大門前椰林大道上，那位禿髮大肚的黃牛正對著一位瘦小阿兵大小聲，阿兵可能是菜鳥，顯得很無助，我就走向這位黃牛想幫阿兵解圍，黃牛看我走過來顯得有些收斂，不再指著阿兵大罵，我一走近還沒開口，黃牛轉身看我說：「金罵是安那？里阿要逗陣來？」意思是問我說，我也要一起跟他吵架嗎？這時一位上尉軍官走過來，並向我示意他來處理，我向軍官敬禮後回省道交管，這位長相高帥的上尉軍官聽說是四年半預官，因爲又簽下去所以升了上尉。

這位禿頭大肚黃牛常常大搖大擺七爺八爺的在營區大門前椰林大道上來回找客人，有時黃牛藉口要進營區去找誰，進去一定又是找家屬拉客！有一天看到他口袋掉出一包菸，當然不想理他，不想幫他撿，最好被踩扁！黃牛走了二三十公尺遠時，我忽然想說叫他回來自己撿，就奮力吹起哨子，嗶、嗶、嗶！嗶、嗶、嗶！指著他，要他回來。

黃牛本來不願停下腳步、不願回頭，待眾人目光都看向他時，他回頭疑惑地看著我，繼而對我怒目而視，被吹哨顯然很不爽，然後大搖大擺好像要跟我打架似的向我走來！黃牛對我嗆聲說：「謀是安那？」我手往地上一指，黃牛摸摸口袋轉怒為笑說：「幫我撿起來就好了！」撿起菸後又大搖大擺走了。

一般老百姓沒有法律常識，以為我們只能管阿兵，其實我們具軍、司法警察的身分，可以抓黃牛去關，罪名是恐嚇執勤中的憲兵，但我們不想造成軍民關係的惡化，所以大家常常各讓一步就算了！

通常他們都是兼差的黃牛（鄉下的工作機會較少），也有「專職」的，我發現有一位村姑女黃牛年約二十多歲，穿著襯衫牛仔褲，開著裕隆三零三轎車拉客，她比男黃牛吃香，生意比較好，會客家屬對女駕駛比較放心，我們彼此都認識對方，我想他們以此為生，也有難處，所以長官不在的時候，就讓他們去作生意吧！

我認識一位有牌的計程車司機，他剛買了飛羚一〇一的新車，這車的造型非常拉風，簡直不輸給進口車，我們都非常羨慕他擁有的新車！聽說一部車要三十幾萬！買車對我來說，簡直是天方夜譚，因為一兵一個月才領兩千元，即使退伍後，找個月薪一萬元的工作，也要不吃不喝存三年才買得起！

十四、師部連與憲兵連

憲兵可分為地區憲兵與軍中憲兵，各縣市的憲兵隊屬於地區憲兵，軍中憲兵一般都以連、排為單位，而地區憲兵一般都有三個連以上的兵力。

我們憲兵連就好像是由憲兵指揮部嫁到陸軍部隊的女兒一樣，平常指揮部很少到連上督導，而我們直屬於師部，因此只有師部長官才會管我們，營部、旅部有時還要看我們憲兵連長的臉色，因為我們憲兵管制大門人車進出及軍紀糾察，他們有求於憲兵連，因此不會找我們麻煩，不會釘（電）憲兵連。

師部連與憲兵連同直屬於師部，由於我們小單位人少，許多事情都要依賴師部連，因此我們從不抓他們違紀，師部連油料士會在冬天的晚上用鍋爐燒熱水，憲兵連也跟著一起洗，也搭伙師部連，但是有一天他們忽然說不讓我們搭伙了！我們只好改向菜色較差的營部搭伙，營部大概也不願我們憲兵連去搭伙，怕我們憲兵一天到晚出現在他們營部，所以故意煮很難吃的飯菜招待我們，營部菜色眞是菜！

我們與師部連同在一個教室用餐，菜色卻相去甚遠，我們憲兵什麼苦沒吃過？吉普車缺汽油可以改騎機車，忍受風吹雨打，冒險黑夜車巡，我們也不願去乞求他人的汽油，沒有熱水，可以寒冬沖冰水洗澡，兵力不足沒人換哨，可以不喝水不吃飯不換哨的執勤，我們都甘之如飴，但是不能被如此排斥！

第二天早點名時連長皺著眉說：「對隔壁的（師部連），照規定來！」解散後，林班再指示我們抓他們違紀，並要我們收起平日的笑容。平常相鄰笑臉以對，卻被看扁？師部連的士官兵很快就感受到我們憲兵連嚴肅的氣氛，開始有些不安。

他們進出營區大門時，我們大門站崗憲兵就開始嚴格地抓他們違紀，師部連的官兵開始愁眉苦臉了，士兵士官我們都不放過，過沒兩天，違紀的數量已經使師部連招架不住，就主動來請我們搭伙了。

事情發生的原因是我們為了要準時接哨，時常要上廚房先行用餐，伙夫們認為我們妨礙到他們工作，因此時有抱怨，其實我們也不願意隨便夾兩個菜，站在廚房吃飯啊！一般軍中的伙夫兵都有點江湖味，因為伙夫不用碰槍，比較不會出事，長官如此安排也比較放心，性格豪爽的阿泙阿勇與伙房的伙夫頭頭很熟，所以我也與他們認識，沒有用餐的問題。

再次與師部連搭伙，我們上哨遇到用餐時間，還是得上廚房先行用餐，班長說：

「到廚房用餐要小心點，別妨礙到他們工作！」，伙伕兵看了我們，依舊露出友善的笑容，因爲他們進出營區大門，還是要受我們的管制及檢查，他們也想與我們保持良好的關係。

十五、高裝檢經理業務

我們單位人少，幾乎每人都要接業務，在大單位裡或可藉此理由摸魚，甚至不用站衛兵，而我們不但摸不到魚，反而還要用自己的休息時間去辦業務，因此接業務就更忙了！

我們的業務有傳令兵、政戰士、兵工、工兵、化學、通信、彈藥、經理、人事、財務、作戰訓練、軍紀糾察、機車、汽車等。我從軍部回來後，就開始接經理業務，當我看到動員倉庫一大倉庫的裝備，令我非常的頭大。排長告訴我說：「以前有個單位的經理，接任時沒有交接清楚，退伍移交時，賠了好幾十條棉被，花了好幾萬元。」天啊！幾萬元，要我賠的話，家裡恐怕沒這麼多錢！

清點完小倉庫一般裝備，還有動員裝備要清點，令我困擾不已！班長說：「不用點了，不會錯的！」我說：「排長說有人賠了好幾萬！」班長不耐煩地說：「要點你自己去點！」轉身就走了。連長幫我找來十名阿部新兵當公差，忙了一整天才清點完畢，林班在營區裡人面廣，找新兵出公差不成問題，新兵也很喜歡出公差，因為打雜比訓練輕鬆，完工後新兵問我說：「學長，我們可以去福利社嗎？」上福利社就是出公差的福利。

有一天忽然收到憲兵司令部來文，經理裝備要北上對帳，連上兵力向來吃緊，師部哨若少一個人，大家都會變得很累，北上對帳也順便排休放假，平常放假都穿便服，這次放假要穿憲兵服，到了憲兵司令部，向大門衛兵敬禮並說明來意，大門哨長看過證件後放行，並指示我從司令部大樓左邊側門進去，司令部裡有許多高級軍官，我若遇到只要敬禮說「長官好」就行了。

找到對帳的長官，還好十分鐘就對完了帳，我轉身要離開時，卻有人叫住了我，我回頭一看，原來是士官大隊同分隊的周同志，周笑說：「我在後面看，覺得很像，果然是你，你來對帳？」我微笑說：「對啊！你怎麼也來了？」周說：「我在這裡當兵。」我驚訝問：「在這裡，那很輕鬆吧？」周笑說：「輕鬆的很！你在那個單位？」我說：「我在台南官田，軍中憲兵。」周偷偷跟我說：「以後你要是想到台北來混兩天，就打電話給我，我發個文給你，叫你來對帳就行了！哈！」我笑說：「好啊！好啊！」我們互相留了電話之後，我就與周道別了。

周同志是我在中心的好友，周的好意我心領了，但是他那知道我來對帳是用我自己休假的時間，並沒有額外的好處，所以這一層關係根本用不到，他說他爸爸是將軍，大概也有不錯的人脈，才能到司令部來。

我接了經理業務之後，就開始忙於師部的年度裝檢，我們連上人少裝備多，大家因此特別的忙碌，我除了經理裝備之外，連上每人分配四枝步槍與一枝手槍也要保養。槍枝最忌諱槍口對人，不能開這種玩笑，有時候打靶子彈沒有擊發，留在槍鏜裡，清槍又不確實，擦槍時就出了意外！

國軍爲落實武器裝備保養與後勤支援，每年度實施「高裝檢」，不管實際上的裝備如何，帳一定要對得上，裝備不能多，也不能少，軍品數量與帳冊不符，裝備的負責人要想辦法。我的每樣經理裝備都拿出來檢查保養，忙了一個多月，高裝檢當天我只被檢查加油嘴，因爲去年也是這一項有缺失，加油嘴不良！這個不良，我也知道，就是不知道找誰修理！也生不出一隻新的！還好連長對我這缺失也沒說什麼。

教召

師部每年都有後備軍人來教召，幸好官田有一些新兵可以找來當幫手，幫我發軍服裝備給後備軍人，不然我要站哨車巡，哪有時間再忙教召！這些後備軍人已經退伍多年，回營區不能有太操的項目，即使如此，我們車巡時，還是常常看到教召軍人跑到隆田車站附近餐廳去聚餐喝酒，如果沒有打架鬧事的嚴重違紀，我們車巡也不用去管他們，他們看到我們車巡人員，只會多看一眼，繼續吃他們的菜，喝他們的酒，我們就當作他們下課了，大概也管不動他們。

師部禁閉室不久就客滿了，他們無法忍受一週的軍人生活，晚上紛紛爬牆鑽洞溜出去渴酒，新師長對此事很不滿，我們憲兵又管不動他們，後來師長下令禁閉室放出後備軍人，全都不用關了，因爲要關也關不下那麼多人，所有爬牆者都拉去理了平頭，師長出這招才止住了「逃兵潮」！

火災

當了兩年兵，從來沒有遇過半夜緊急集合，官田憲兵幾乎每晚必有一班衛兵要站，通常安全士官只會搖你小腿說上哨，我們就會認命地起床著裝，有一晚我被急促的敲打床板聲吵醒，我心想叫衛兵需要這麼大聲嗎？我睡眼惺忪心想：「我今晚不是站過衛兵了？怎麼又叫我？還是半夜緊急集合？」起身後，發現整個上鋪的弟兄都起來了都醒了，整個寢室鬧哄哄，越來越吵，只聽溫班在走道上來回喊道：「失火了！快起來救火！」我往窗外一看，動員倉庫那邊一片火光，外面人聲吵雜，倉庫附近房舍的阿兵哥都只穿著內衣內褲拿著臉盆到浴室大水池裝水去救火，無需長官命令，阿兵們都自動自發奮力救火，還有人爬上屋頂救火，不久，師部長官也來了，由於這些營房沒有相連，所以大火只燒了一小間營房就熄了，我的動員倉庫逃過了一劫！眞是好險！被這一把火一燒，又少睡了一兩個小時！

這火是被大門憲兵發現的，營區晚上沒開路燈，入夜是一片漆黑，大門憲兵在黑夜裡無意中發現火光，就趕緊打電話通知連上的安全士官去確認，溫班一接電話，跑出去看，火苗正在上竄，馬上衝回寢室，連敲連長室、輔導長室、以及寢室上下舖，一一搖醒大家，隔壁師部連站哨的安全士兵也同時通報師部連，加上附近房舍的阿兵齊心滅了火。

十六、營測驗

官田是鄉下地方，臨時的勤務不多，我只記得幾次。曾經有長官來官田附近的球場打球，連上派出兩位具儀隊身材的三三六學長出勤警衛，一有臨時勤務，原本憲兵連的大門哨、師部哨、機動班及車巡的人力就會馬上吃緊，站哨會變成站兩歇四，或站兩歇六，平常的人力是站兩歇六或站兩歇八，站兩歇八晚上就有一人可以睡通宵，我們每月大約可以排到一至兩次通宵，排到通宵是很幸福的！

也曾有長官蒞臨官田師，我們派出白車前導及機車護衛，在新營迎接長官，引導車隊到官田師部，車隊有憲兵引導，可以避免警察攔查，也可避免被憲兵軍紀糾察，也不怕走錯路，好處多多，不過戒嚴時期警察幾乎不會去管軍車。

通常被連長指派任務，就要馬上著裝、領槍彈集合出發，有一次半夜出勤幫演習部隊的車隊交管，部隊半夜移防經過官田附近，就會找我們憲兵連協助交管，我們在各大路口各派出兩員憲兵指揮交通，台南縣地廣人稀，半夜格外寧靜，這一晚當然就少睡了！

官田是預備師，沒有師對抗的演習，但是有四天的營測驗，只能算是小演習。我們奉命要爲演習部隊做交通管制，連長命令士官長帶隊，加上黃班、阿亮、阿炳、阿杉、阿輝、阿村和我共八人參加，黃埔大背包裝了睡袋及衣服簡單打包後，前往山上鄉的陸軍營區等待演習部隊的集合。

部隊出發前，先在操場集合接受長官的訓話，而我們則在阿部的木造營房的寢室裡待命。忽然間，天昏地暗，下起大雨來了！司令台上的長官就匆匆結束訓話並解散部隊，演習出發的時間也延後了，不久，一百多名的阿兵就衝進寢室來了，很多人爲了慶祝大雨暫停了演習，就一邊脫下溼透的草綠服一邊高唱著當時流行的台語歌曲：「講什麼山盟海誓，講什麼永遠要做伙，你我離開才短短三個月，你就來變心找別個，……。」有的人甚至光著上身，露出了一身龍飛鳳舞的刺青，然後拿起卡拉 OK 的麥克風就大唱特唱起來：「爲著環境未凍來完成，彼段永遠難忘的戀情，孤單來到昔日的海岸，景致猶原也無改變，……。」

我們靜靜坐在上下鋪看他們換衣服，我在上鋪數了一下，有十餘人是全身刺青！這時歌聲忽然停止了！整個寢室也都安靜了下來，有的阿兵暫停了換衣動作，眾人的目光都投向我們，他們驚訝於七八位憲兵出現在他們的寢室裡，空氣凝結了幾秒鐘之後，開始有人竊竊私語，大約過了半分鐘之後，大概明白了我們只是來支援演習而已，才又恢復了吵雜的歌聲！

我想軍中本來就是社會的縮影，什麼樣的人都有，當憲兵的好處就是成員都比較單純，不能有前科，不能有刺青！阿兵除了以梯次分學長學弟的階級之外，刺青似乎也是一種階級地位，由於大家每天生活在一起，誰有沒有刺青，大家都很清楚。

台南下雨很少超過二十四小時，通常能下半天雨都屬難得了，隔天早上雨停，演習部隊準備出發，我們憲兵先布哨到各大十字路口，等待演習部隊通過時實施交通管制，我與阿杉兩人穿草綠服、戴白膠盔加僞裝帽、腰帶掛刺刀水壺、揹著步槍，站在一戶沒有做生意的民宅亭仔腳等待大軍的到來，大軍一來，我們就站到馬路中央指揮交通，我們在官田每週日都有新兵會客交管，這交管勤務已經駕輕就熟，我們兩人並肩站立，並不時東張西望，查看部隊的蹤跡，同時也要注意身邊的行人，以防步槍被搶！

結果一等就是兩三小時，民宅阿婆看我們沒吃午飯，就熱心地邀我們進去用餐，阿婆說：「進來吃飯啦！」我們回說：「不用了，謝謝！」阿婆的熱心令我非常的感動！我們當然不能擅離職守，因爲演習視同作戰，其罪不輕！不久，阿婆又走到門口問我們要不要喝水，我們異口同聲說：「謝謝！謝謝！我們有帶水壺！」鄉下人比較有人情味，若是在都市的話，哪有這麼好的人！

已經下午兩點了，我們還一直等不到部隊的影子！我就向阿杉唱著：「We are the world, We are the children！」（一九八五年美國歌手爲非洲飢民募款所作的歌曲，用以比喻我肚子餓了。）阿杉聽了之後，也會心的一笑。

過了一會兒，四分之三T的吉甫車終於出現了，士官長對我們揮手說：「上車啦！」我一上車就問：「部隊呢？」士官長答：「路線改了！」然後拿了便當給我們，我拿到便當時，不禁又唱著：「We are the world, We are the children！」喜歡熱門音樂的阿亮與阿輝也都會心一笑！晚上我們要睡在荒郊野外，阿兵們行軍走得累的要命，打開睡袋倒頭就睡，有的人爲了舒服還卸下裝備，脫了鞋子，就只抱著步槍睡，照規定阿兵要輪流當哨兵以警戒敵軍來襲，但是阿兵似乎累得寧可陣亡也非睡不可。

附近農家的走廊是大家公認的好床位，因爲草地上露水重。有阿兵向農家要開水，農夫燒了一大鍋的開水供我們使用，一二十位阿兵排隊進去裝開水，農夫甚至還要請我們吃飯，我跟阿村說：「難得有這麼好的人。」阿村說：「他們也有孩子，也要當兵，所以了解我們演習的辛苦吧！」以前專科時代常常去坪林露營，但是睡在走廊還是第一次，鄉下的夜晚特別安靜，只有蟲鳴蛙叫聲，我把步槍放進睡袋裡，大家陸續睡著了，睡沒多久，黎明前就被搖醒了，我看到大部分阿兵已經起來收拾裝備，黃班說：「睡醒首先檢查自己的槍彈刺刀還在不在！」掉了就準備被關，當不完的兵！早上起來隨便找地方尿尿，還有一些阿兵蹲在不遠處的草地上大號。

第二天一大早裁判官對空打了三發空包彈，紅藍兩軍開始向對方的陣地攻擊，所謂攻擊其實是兩軍交峰對抗時，由裁判官比較兩軍的武器火力判決勝負，並非眞的開火，但是有時候兩軍相遇，若沒有裁判官在場，聽說會爲了爭勝負而打架。

兩軍有時會在街頭巷尾對抗，好奇的民眾會在兩軍中間散步、觀望，而不願裝作臨時的演員，有時阿兵會在高高的甘蔗田摸索前進，有時趴在水稻裡伏進，大家都很盡責的演好自己的角色，令人猶如置身於戰場。

兩軍你來我往的對抗，可以用兵荒馬亂來形容，我們所乘坐的四分之三T的吉甫車停在鄉間的小路上，我們不知身處何地，也無事可做，更不敢亂跑，因爲害怕送便當的車子找不到我們，套句阿兵常說的術語—吃肥肥裝頽頽（吃多變胖，裝傻少事。）所以沒事最好，就是便當不能少，否則又要唱「We are the world」了。

忽然間有一、二十名敵方的士官兵持步槍及機槍由小路向我們迎面衝過來，由於道路窄車子不容易迴轉，而我們也不想跑，所以在雙方的人員武器火力比較之下，我們算陣亡了，但是現場沒有裁判官，他們雖然得意於抓到了憲兵（平常只有我們抓他們的道理），卻也不知該如何處理善後。我們對峙了一陣子，他們決定放我們一馬，不知是怕麻煩還是另有任務，滿身泥濘、一身大汗的一二十位士官兵又沿小路向前奔跑急行軍，看起來士氣高，戰鬥力強！難怪當年有人說台灣六十萬大軍的戰力很強！

第二天晚上又下了點小雨，使得我們一身泥濘，因爲兩天沒有洗澡了，大家擠在狹窄的吉甫車裡，或坐或躺都很難入眠，即使勉強入睡，也會因爲腰酸背痛而睡睡醒醒地不斷改變姿勢，至此演習的新鮮感全沒了，全身又髒又臭，坐著睡又累又睏，也開始懷念官田的日子了，在官田雖累，但是有乾淨的衣服穿，雖然不能睡通宵，但至少還有一個平坦的床位可睡五小時！

第三天我們與阿兵們都依賴一間小廟補給開水、刷牙、擦澡、上大號。演習期間槍不離身，阿兵把步槍放在廁所洗手台旁，脫下衣服拉下褲子用冷水擦澡，我也在此擦澡上廁所，三天沒洗澡沒換衣服都一身臭汗！幸好有這小廟讓大家方便。

我對這場「戰爭」實在很難再適應下去了！第三天晚上雖然沒有下雨，但是地上是濕的，荒郊野外找不到一塊可以平躺的床位，有人睡在壅擠的吉普車裡，有人睡在引擎蓋上，有人躺在車底下，有人以他人的手臂爲枕，腳卻在別人的屁股下。

第四天演習終於結束，一身髒兮兮回到官田馬上去洗澡洗衣擦鞋，準備要上哨！演習人員沒有時間休息，因為連上兵力不足，同志們「站兩歇四」四、五天也都累翻了！

十七、解嚴前後

看別人當兵總覺得兩年很快就退伍了，自己算日子卻很慢！好不容易破冬了，但是破百還是很遙遠！在軍中過了第二次中秋節之後，天氣變得秋高氣爽，夜晚的星空也不如夏天那樣清楚迷人了！中秋一過，國慶即將到來，全國的憲兵又要「停休戰備，機動待命了！」晚點名時連長宣布收到停休公文，解散後阿泙對著學弟們笑說：「停休戰備，機動待命！」「停休戰備，機動待命！」台北的憲兵又要忙了！

國慶之前的九月二十八日，黨外在圓山飯店開會，而且突然宣布成立民主進步黨，一時舉國譁然，同志們也很注意這件事的後續發展情形，因為與會的五十個人已經觸犯了戒嚴法，但是國慶期間中外媒體雲集台北，任何政治事件都會立即成為國際新聞的焦點，況且美國不希望有大舉抓人的事情發生，因此政府抓不抓人都很為難。

外有國際壓力，內則強人時代即將過去，法官已不敢隨便判處死刑，黨外人士又不怕坐牢（有時坐過牢或即將坐牢者都能獲得高票當選），政府在短期間之內要決定大舉抓人或者解嚴，結果國慶過後，政府在十月十五日宣布解嚴。

這次國慶中，蔣經國總統雖然還能站立，但不難看出總統的健康狀況一直在下降，這是蔣總統最後一次站著主持國慶，七十六年國慶時就坐著主持了！

解嚴前後的那幾年是示威遊行最頻繁的年代，軍警為此疲於奔命不說，最危險的差事是便衣人員在人群中執勤時，若一不小心落了單，就會遭到拉扯攻擊，有時甚至是制服憲警也遭到攻擊，憲警常常被當成抗議的出氣桶！雖然我們的抗議民眾不像南韓學生那樣持汽油彈滿天飛，但是憲警常常遭到拉扯、衝撞、丟雞蛋等攻擊，這讓憲警很沒有尊嚴！有些人的民主素養與法律常識都不及格，以為解嚴後要做什麼都可以！

十八、中正機場接機事件

民進黨成立之後，立委選舉即將要舉行，選舉有民進黨加入競爭，選情變得既熱鬧又緊張，黨政軍當然也全力動員力求大勝，輔導長也很重視這次選舉，我們憲兵部隊也被視爲最忠貞的鐵票之一，由於台北選情最緊張，因此我可以放假回家投票，準備投給一位軍系人士，其實我投給誰，沒有人知道，但是輔導長爲人不錯，就聽他的建議吧！

我喜歡坐在野雞遊覽車的上層欣賞中山高沿途的風光，或者坐在最前面的位子，體會司機加油、踩煞車或是超車的感覺，我一路上反覆思考，投給執政黨或反對黨？專科老師曾說：「有這些人，有制衡才有進步！」社會一股改革的潛在勢力正在到處蔓延，黨外也成爲改革及進步的象徵。

我回到家裡後，電視新聞報導中正機場發生嚴重的警民流血衝突，這是繼美麗島以來的最大衝突，有許多警察及憲兵受傷，隔天投票日早上我看到一張海報，在通往機場的高速公路上，有一、二十輛前往機場支援的警車被砸了！因此我最後決定投給執政黨。

這位流亡海外的異議人士效法菲國的艾奎諾闖關回國，而民進黨的支持者也都到機場迎接，因此成千上萬的民眾就在通往機場的高速公路上與憲警發生了嚴重的衝突。由於警民之間長時間的馬拉松式對峙，保警警力不足都由憲兵支援，甚至動用還在受入伍訓的新兵去鎮暴，學弟阿強就是其中之一。

阿強是長得壯碩又老實憨厚的鄉下人，他的外形很像烏龍院（漫畫）的大師兄，他若留長髮則像歌星伍百，他當天穿鎮暴裝拿方盾守在第一線，警察拿齊眉棍站在第二線，而且不時地出棍打擊衝撞憲警隊伍的民眾，阿強說：「只要群眾衝撞我們，警察就出棍痛擊，齊眉棍往腦袋敲下去，血就噴出來了，看起來很恐怖！」

宣傳車帶領群眾與憲警隊伍對抗，就像古代騎馬打戰一樣，雙方棍棒、石頭齊飛，很多人因而掛彩，壯如阿強當面對千軍萬馬時也說恐懼不已！

阿泙有一個在中心的同梯憲兵也去機場鎮暴，聽說還在現場人群裡發現一些同村的人，後來竟然也發現了家人，憲兵在鎮暴隊伍裡發現親人鄰居真是巧合！

黑名單人士第一次闖關不成，但是再度闖關的傳聞卻滿天飛，因此大批的憲警又在鎮暴車上待命好幾天，以防暴亂再起，憲警吃飯、睡覺都在鎮暴車（公車的大小）上，一部車擠了二、三十個人，真是苦不堪言！

這次立委選舉，由於黨外組黨（民進黨）的效應，席次倍增，但是國民黨仍然保持了絕對優勢的席次。以前黨外的立委只有十席，這次大選後有二十席，從此兩黨就常常發生衝突與抗爭！

當警力不足時，當然優先考慮憲兵支援，憲兵深受黨政軍的信任，也不用發加班費，憲兵部隊也都能完成任務。其實在憲兵個人的心裡，不會去注意遊行請願的內容，憲兵聽命令行動，只盼早點完成任務，早點回營區休息。

解嚴後保警擴編，憲兵就不出鎮暴的勤務了，改由保安警察來擔任。解嚴後雖算是政治民生進步了，但是繼之而起的遊行暴亂與強盜集團使警察傷亡的人數直線上升！警察的權威性和優越感也都隨著解嚴而沒了，有一段時間警察人員的招考常常招不滿！

解嚴後，憲兵部隊的鎮暴（處理群眾事件）原則是：一、不被衝破防線。二、不使事件擴大。三、不使用武力。

意思就是對於（當年）違法的遊行，需堅守防線不得被攻破，憲兵只能犧牲休息休假，加派兵力達成任務；當遊行產生衝突時，憲兵要避免事件惡化，不得使事件擴大；當遊行失控時，憲兵不得使用武力，以避免造成群眾傷亡，卻又需要達成任務！

我想，解嚴後憲兵最大的貢獻是：官兵犧牲自我榮辱評價、犧牲休假，達成民主化過程減少衝擊的巨大艱難任務！讓政府有時間陸續完成民主轉型！也儘量自我克制，避免遊行群眾受傷。

所以在民主化的過程中，憲兵也有一點功勞！若非憲兵部隊的自制，遊行鎮暴衝突可能會更嚴重，轉型可能不會這麼順利，民主也許不會這麼和平地產生。

十九、整訓賴皮上

江班有一天收到公文之後，偷偷地對我說：「我們要整訓了！」連上收到整訓的公文之後，每天早上都要晨跑五千公尺，測驗五百公尺障礙，晚點名後訓練拉單槓。

一般阿兵二十四分鐘之內跑完五千公尺就算及格，二十二分鐘之內跑完是滿分，我們官田憲兵不但全連都得滿分，上次整訓甚至集體跑入二十一分之內！憲兵並不是每個人都體格過人，而是榮譽感加上平時的嚴格訓練，所以每當官田師部測驗五千公尺時，官田各部隊都對我們另眼相看！

憲兵連跑步時隊形完整，步伐一致，還唱歌

答數，全連跑滿分，這也是官田憲兵管制大門進出、執行軍紀糾察，讓阿兵們看得起我們的原因吧！如果自己樣樣不行，光靠那身憲兵服是不能讓人心服口服的。

單槓可分上槓與拉槓兩種。拉槓二十下得一百分，連長要求每人都要能拉二十下單槓才能放假，因此大家有空時都很努力學拉槓，我剛開始只能拉三、四下，苦練之後再加上學長的指導，很快就達到了放假的標準了，但是像阿輝、阿強等高個兒大頓位的人要拉二十下，就困難得多了！不過在放假的誘惑之下，全連竟然每人都拉了二十下以上！身材好的阿寶擺起身子最多可以拉到三十多下，師部連阿兵說：「有一位新兵可拉一百下，他是體操隊的國手。」

上槓可分正面上（一百分）、跨腿上（八十分）與賴皮上（六十分）三種，輔導長是連上少數幾個能正面上者之一，他雙手握槓，身子向前一擺，再往後一盪，利用腰力使身體上槓，此時雙手伸直，單槓位於腰部之下，然後身體在槓上轉一圈下來，輔導長姿勢作得帥，因此大家都很崇拜他，能正面上者既要體力又要技巧，所以若有誰也做得來的話，身分立即提高，若是學長則倍受尊崇，若是學弟則可免於受操被釘了，菜鳥若能達到標準或超越標準者，日子就會比較好過了。

跨腿上就是先將單槓拉至胸部，再用一腳跨過槓，然後轉一個圈下來，這是連長最基本的要求，全連也大都能過關。然而少數一、兩位同志臂力不夠，腳勾不到槓，賴了半天才得上槓，因此稱之為「賴皮上」。若是老鳥還在賴皮上的話，會被學弟看不起，要是讓阿部看到了，更是沒面子，因此大家常常自動自發去學拉槓與上槓。

五百公尺障礙的項目依序是低槓、高槓、爬竿、高牆、高跳台、壕溝、獨木橋與低絆網，有些學長是直接跳過低槓高槓（跨越法），有些人則是站上高槓（踏越法），或是用手撐過（側越法），踏越法及側越法在時間上已經慢了跨越法好幾秒，爬竿要手腳並用，高牆沒有在互助的，大家都是一腳踏牆壁就上牆了，高台、壕溝、獨木橋都算是簡單的項目，最後跑至低絆網前，俯身爬進去是菜鳥，老鳥為了省秒數並表現出老鳥的英勇，要奮不顧身直接滑壘衝進去，時間上又省了好幾秒，因此爬完低絆網後，膝蓋及手肘會有一大片的破皮！

五百公尺障礙跑不進兩分三十秒之內，沒得滿分，那會很沒面子，學長學弟看在眼裡，誰不行大家都知道，能跑進兩分二十秒之內這是老鳥應有的成績，少數幾位沒得滿分者，連長會命令你再跑一次！所以跑第一次時，大家都拼了命，為了面子，也為了避免跑第二次，若第二次再跑不進兩分三十秒之內，隔天再跑一次，看你是要一次跑過，還是要跑好幾次才過。

雖然上次整訓的名次第二名，但是連長求勝的企圖心依然不減，經過一、兩個月的訓練之後，當我們要出發時，全連五項戰技的成績都已經達到標準以上了！

五項戰技是各部隊最基本也最重要的訓練，除了五千公尺、單槓、五百公尺障礙之外，還有手榴彈投擲與打靶。

我們的裝備要先行裝上火車，阿部看到我們要移防，知道我們又要去整訓了，每人臉上都露出了得意的笑容，他們心裡一定想著：「哈哈！憲兵不在，又可逍遙三個月了！」

陸、台中清泉崗整訓

一、陸海空大營區

清泉崗是空軍在中部的最大基地，以前是美軍的駐地，這裡除了空軍之外，還有陸軍、海軍陸戰隊、憲兵部隊等，可謂是陸海空最大的營區了。還沒進清泉崗之前就聽說這營區很大，CCK 公車在裡面繞一圈要一個小時，可見占地之廣了！CCK 是清泉崗的英文縮寫。

部隊進入清泉崗大門後，連長看公車上人很多，就命令部隊步行前往營房，我們走了二、三十分鐘才到達，這營房跟泰山堅實營區一樣是水泥磚造的平房，雖然不像成功嶺營區那麼新，但是比官田那木造營房可要好多了，空間也大多了。（我退伍後不久官田師就開始改建，現在台灣應該沒有木造營房了。）

江班有一天收到公文之後，偷偷地對我說：「輔A跟排長要調走了！」來此整訓的同時，輔導長與排長也都要輪調了，輔導長才來一年就要走了，政戰士阿亮說：「正期的升得快！」輔A顯得有些得意，他以前的單位在圓山，位處中山北路、大直要塞及士林官邸的重要樞紐，號稱憲兵的「天下第一哨」與總統府憲兵的「天下第一營」遙相呼應！（中華路的台北憲兵隊號稱「天下第一隊」）

輔導長大概不喜歡官田鄉下的小單位，簡陋營房的輔導長室只有一坪大小，只放得下一張單人床及一張小書桌，排長也說：「都快三年了，早該調了！」當兵的人並沒有什麼錢，也沒時間可以外出聚餐歡送，連上照例送了獎牌與小禮物，還有熱情的鼓掌，歡送了輔Ａ與排長。

新輔Ａ與新排長到來的同時，也來了洪、盧、蕭三位學弟，照例下部隊的新兵會有學長帶領，從大門衝回連部，然後再測驗五千跑步成績！

新輔Ａ中等身材，沉默寡言，是陸軍轉憲兵的軍官，當年由於要擴充憲兵兵力，軍方在陸軍部隊挑選了許多人去受憲兵訓練轉服憲兵役。

新來的吳排長得瘦瘦高高的，大約有一八五公分高，但是跑步不行，五千跟不上隊伍，如果是新兵菜鳥跑步跟不上，那會很辛苦，會被加強訓練吧！軍官跑步不行就比較沒關係，連長也沒說什麼。

二、寒冬沖冰水

整訓期間每天早上跑五千公尺，清泉崗還有很多空地沒有使用，空地上已先鋪了柏油馬路，我們就繞著這一片空地的一角跑一圈就有五千公尺了，這裡眞不愧爲遠東的第一大營區。

整訓跑步成績是以團隊計算，若有跑不動落隊者，溫班長就取下S腰帶，命兩人各拉腰帶的一端，腰帶圍在落後者的後腰部來幫他助跑。

部隊唱歌答數跑五千，在最後五百公尺的直線馬路可以脫隊衝刺，排長跑步不行當然沒面子，我們老鳥跑步不行，那會被學弟看不起，值星班長一喊：「衝刺！」阿喜就一馬當先衝出去，幾位上兵老鳥不甘示弱，亦步亦趨追在阿喜身後，我與阿泙、阿洲、阿勇、阿喜競爭激烈，但是連上的冠軍非阿喜莫屬，阿喜是台東的原住民，身高與我差不多，體重多我二十公斤，但我老是跑過不他，每次在衝刺時，只要有人一接近阿喜，阿喜就加速往前衝！在三個月的整訓期間，我只有一次跑贏阿喜得了第一名。

我們常私底下向阿喜開玩笑說：「今天差你不多，明天一定跑贏你。」阿喜就不服氣地說：「來啊！試試看。」有一天早上跑步，當我們衝刺快到終點的時候，我覺得身體狀況很不錯，就奮力加快腳步超過阿喜，我望了阿喜一眼，阿喜沒有追上來，全連同志都對我另眼相看，因爲從來不曾有人超越阿喜的腳步！

到終點線後，我得意洋洋地對阿喜說：「阿喜！我終於跑贏你了！」阿喜喘著氣點點頭不說話，我轉身向後到的阿泙說：「阿泙，今天我跑第一！」阿泙懷疑說：「哪有可能！」阿泙就去問阿喜，阿喜點了頭，阿泙笑道：「阿喜今天一定是肚子痛，要不然怎麼可能！」阿泙還說：「阿喜跑步會換檔，看到有人追上去，阿喜就換檔加速衝出去！」

跑完五千會口渴，但跑步之前也不能喝太多水，頂多只能喝一、兩口，否則跑起來腸胃會不舒服，可能是跑太快，感覺五臟六腑都在晃動。從此以後一直到我退伍，阿喜就不曾再「肚子痛」了，阿喜是連上唯一的大學生，但是他沒有去註冊，因爲私立大學的學費太貴了！

早上跑步後打掃環境，然後吃早餐，接著一整天都是出操上課，除了五項戰技之外，還有跆拳、摔跤、奪刀、奪槍、齊眉棍、短警棍、擒拿、交通指揮手式與鎮暴操等，內容與入伍訓練所學差不多，但是要求嚴格多了！

五千、五百和單槓若不得滿分會被禁假，手榴彈投三十公尺及格，五十公尺一百分，吳排手長可以投到七十公尺，吳排這個專長爲他板回了一些面子，連上同志大都可以投四十公尺左右，連長一聲令下：「投五十公尺以上者放榮譽假」結果每個人好像都臨時長長了手臂，幾乎八成以上的同志都投了一百分。

我老是投三十公尺左右，沒有多大進步，因此被罰投一整箱的手榴彈，結果中午吃飯時我的手臂痛得連拿碗都會發抖，這次整訓我的最佳記錄還是只有四十公尺左右，這個成績在阿部算是不錯了，但是在我們憲兵部隊卻是最差的！

打靶成績是五項戰技中比較不穩定的一項，因此連長的要求也特別嚴格，打五發子彈若不中三發以上，連長就叫你在地上爬來爬去（匍伏前進）。

阿村有一次打三八手槍，竟然連續卡兩顆彈無法擊發，兩彈重疊在槍膛裡而沒有膛炸眞是萬幸。事後我們問彈藥兵阿勇：「怎麼會這樣？」

阿勇嚴肅地說：「這些子彈年代久遠，可能彈藥有點潮溼了？」

我開玩笑說：「可能是以前二戰時剩的！」

阿泙笑說：「哪有可能！」「還北伐剩的！」

晚餐後我們走了一段路去向駐地清泉崗的憲兵部隊借浴室，他們住的營房與成功嶺的營房一樣新，浴室有蓮蓬頭，還有隔間，爲了節省時間，黃班說：「兩個人共用一間浴室，洗五分鐘就好。」

浴室隔間很小，兩人同時洗幾乎無法轉身，也無法關門，想起剛入伍時「一個口令、一個動作」都能洗澡，這點困難不算什麼，照樣可以三五分鐘洗好，有熱水就要偷笑了！我們借了幾次之後，由於造成了對方些許的不便，因爲友軍人多，洗澡時間有限，連上長官也不好意思常常向人開口，所以我們就頂著清泉崗的寒風洗冷水澡。

有一晚強烈寒流來襲，但是整天出操上課不洗澡也不行，我一進浴室，發現幾位同志圍在水池洗澡之外，地上竟然還有幾位光著屁股在做伏地挺身！這是什麼情形？阿杉做完伏地挺身站起來說：「太冷了，多做幾下，不然洗不下去！」一旁阿勇也笑說：「對阿，水好冰啊！」原來是自願的，我還以爲被誰處罰！我也做了二十下，讓身體發熱了再來洗。

三三九梯的水泥師傅阿土師，他是最勇於洗冷水澡的人，他當是夏天一樣，先沖一臉盆的冰水，再抹香皂沖洗，站在他身旁洗澡的人都被他的冰水濺得紛紛走避，大部分的人都使用擦澡，我也不例外。過些時日之後，由於大家「好勇逞強」，都改以沖澡，在學弟面前我也不好意思再像貴妃那樣的擦澡了！寒天沖冰水，點滴在心頭！眞是冷得不得了！不過我們卻很少感冒。

晚餐後我們訓練憲兵戰技，夜晚大都可以睡通宵，因爲在這裡只有一個哨，兩天才輪到一班衛兵，這是來整訓的最大好處，否則在官田幾乎不可能有機會睡通宵！

三、老學長愛屋及烏

有一天早上我們晨跑後，部隊慢慢走回連部，在路上遇到三位已經退伍的老學長，連上只有一六八的士官認識他們，想必他們是故意來找我們的。黃班看到他們驚喜微笑道：「你們來教召？」穿草綠服的學長甲也微笑說：「對啊！來兩天了！今天才找到你們！」

溫班對學長乙笑道：「啊！你以前跑五千不行喔！」學長乙正色道：「誰說的，那裡不行，現在都還可以跑！」他作勢要拉溫班他們再跑一次，他們回憶著往日的跑步情形，而爭辯不休。我們在隊伍中靜靜的走著，看他們說笑，好像老朋友久別重逢。

憲兵最重視榮譽，老學長在學弟面前被說跑步不行，那是極大的恥辱，即使我們不認識他們，也不會笑他們（憲兵不隨便笑），但是他們爲保「名節」，拼命也要跑個滿分（二十二分鐘之內跑完五千公尺）才行，憲兵學長學弟間的戰技榮譽即使退伍後也還維護著。

那三位老學長在教召結束的前一天傍晚又跑來找一六八的士官聊了兩句才走。當天連長晚點名解散後，黃班又集合起部隊要講話，幾位上兵老鳥手拿香菸打火機面露不悅，因為晚點名後只有集合菜鳥的份，沒道理連老鳥也要集合？

黃班告訴大家說：「三位老學長拿了一千五百元要給連上同志加菜。」原來如此，學長學弟們都面露微笑，黃班就派幾個學弟去福利社買點心，每人分得一瓶牛奶及二個麵包，大家都興奮不已，就寢前就吃掉了。

在軍中吃東西就是娛樂，上兵月餉只有二千二百元（民國七十六年），軍中又無以為樂，偏偏憲兵又得嚴肅，連上的中山室只有飲水機和報紙雜誌，平常下哨後哪有什麼消遣？能吃點東西自然快樂無比。

然而我們卻沒機會說一聲謝謝，從此也未曾再見過老學長他們，人生際遇無常，在軍中更是如此，有的人見過一次面，或相處數日，就很難再見面了！謝謝老學長！

四、飛行員我的志願

轟轟轟！咻咻咻！轟轟轟！渾厚沉重又帶點金屬尖銳的戰機引擎聲非常刺耳，在清泉崗的日子，清晨常被F5E戰機的引擎聲轟醒，因此這裡根本不用起床號。

F5E每天早晚不停地在台海巡邏，我們在操場上常常可以看到編隊飛行的戰機在藍天裡呼嘯來去，或是盤旋在上空等待降落，震天撼地的引擎聲，雖然不是無時無刻，倒也無日無之。

我想起小時候的願望，就是當戰鬥機的飛行員，可以翱翔天際！但是這個夢碎得很早，因爲台灣戰機的數量有限，飛行員都是千挑百選，可能比當醫生還難。

我們的戰機由於採購不易，飛了二、三十年還在飛！好不容易才購得美法的戰機。現在的中年人，他們小時候的願望，會有很多人想當F5E的飛行員吧！

有一天我們聽到警笛聲之後，隨即看到七部車的車隊經過我們的連部，三部主官車的前後各有兩部警車與憲兵車，這一定是個不小的官，才使警察與憲兵都出動了，不久有兩架直昇機降落了，車隊接了主角之後就走了，後來聽說那是參謀總長的車隊。

郝總長是打過仗的將軍，深得蔣家的信任，任職參謀總長的時間長達八九年之久，他在軍中的影響力很大，一般相信他是軍中最有勢力的人。

我曾聽看面相的人說：「由郝總長的眉毛看來，天生就是一名將才，而其濃密飛揚之狀，更顯示出是一名猛將。」

五、政戰美女軍官蒞臨

國防部女青年工作大隊的女政戰官都是年輕貌美的尉校級軍官，有些調皮的同志會稱她們為政戰婆，她們的蒞臨令我們的精神為之一振，因為一個個穿著英挺軍裝的女政戰官，令大家興奮不已！

最興奮的人是吳排，上課時全連嚴肅安靜無聲，抬頭挺胸坐二分之一板凳，吳排整隊後向女政戰官敬禮時，嘴角上竟然還帶著微笑，憲兵的威嚴全不見了！真是的！憲兵怎麼可以笑？

政戰官所談的內容與莒光日教學的內容類似，談到黨外不免要提及中正機場接機事件。

女政戰官問：「有誰在現場嗎？」學弟阿強

舉手。

政戰官問：「他們是不是很暴力？」

阿強說：「對啊！石頭、木棍亂丟，好多人被打傷了！」

另一位女政戰官說：「對啊！我們上禮拜去的那個部隊，他們去機場支援，有些人被打傷了！有幾位還滿嚴重的！」對於黨外暴力的抗爭，全連同志同仇敵愾，都覺得黨外暴力是不對的！

下課後，幾位老鳥們就取笑排長的失態！阿泙對著學弟們模仿吳排的敬禮姿勢笑說：「吳排敬禮時嘴角還在微笑？」話題引來大家的興趣，大家對政戰官的臉蛋與身材都直呼正點！

阿強站弓箭步、雙手比出拿盾牌的姿勢說：「我們憲兵穿鎮暴裝拿盾牌站在第一線比較累、比較危險！警察拿齊眉棍站在第二線，只要民眾一靠近（衝撞），警察就出棍打下去！」

當年民進黨成立之後，海外的黑名單人士紛紛闖關回國，許信良要回國，民進黨就發動支持者前往機場接機，憲警封鎖道路，成千上萬的群眾與憲警在高速公路上發生嚴重的衝突，這是繼美麗島事件以來最大的衝突，石頭、棍棒、盾牌、千軍萬馬的衝突場面持續了一整天，許信良闖一次不成，還想來第二次、第三次。

桃園縣是許信良的家鄉，群眾聚集容易又快速，隨著許信良的風吹草動，群眾可以隨時風起雲湧地前往機場，這情形令憲警陷於草木皆兵的困境，憲警在鎮暴車上機動待命好幾天，吃飯、睡覺都在車上，辛苦勞累可想而知，北部一些待命的整訓部隊也是整天穿鎮暴裝，隨時準備出發支援。

解嚴之後，集會遊行也多了起來，當時保安警力還不足以應付，大多還要憲兵支援，憲兵都是經過挑選與訓練，即使任務辛苦又危險，但是服從性佳，機動性快，都可以堅持到底達成任務。其實憲兵也沒多少鎮暴部隊，整訓部隊是鎮暴的預備隊，若兵力還是不足時，就會出動訓練中心的新兵。

我們部隊在台中整訓，整訓營有一個「鎮遠計畫」，詳細規劃鎮暴部隊以火車或卡車運送至台北或高雄時所需的時間。

大約在一九九〇年時，政府擴編了保安警察部隊，憲兵就慢慢退出鎮暴的任務了。二〇〇〇年時，集會遊行的脫序情形變少了，保安部隊轉而支援各縣市警局，因為治安變壞了！

六、台中放假一日遊

在清泉崗的日子，週四一樣是莒光日，週六下午常常找二八三排的憲兵打壘球，二八三排的憲兵有幾個人是熟面孔，我們在軍部支援的時候相處過一段時間，想不到一年後大家又見面了！我們以笑容打招呼，然後詢問對方的勤務與放假情形，憲兵部隊都差不多，勤務重、不能睡通宵、休假少！

週四莒光日，週六打壘球，週日放假，一週七天中有三天好日子過，這裡的日子比官田好過多了。老兵體能正旺、憲兵戰技也都已熟練，基地訓練不成問題，而且兩天才站一班哨，可以常常睡通宵！這是最大的好處！我再五個月就退伍了！所以放一天假並不回家。第一週週日連上士官兵一、二十人一起去台中市玩，大夥提議去冰宮溜冰，溜冰刀在專科時很流行，我也跟著去玩，大家溜了幾圈之後，不免拿起地上的雪球丟著玩。

過沒多久，我忽然看到阿土師、阿勇、阿洲與阿泙都不溜了，而聚在一起談話，我就溜過去找他們，阿土師已經脫下了冰鞋。

阿勇說：「出事了！」

我問阿泙說：「什麼事？」

阿泙說：「跟幾位在地的（青少年）撞了一下，他們看我們人多，揚言要去找些人來幹架。」

大家本來不予理會要繼續溜冰，但是林班說：「算了！算了！我們去別地方玩！」阿土師說：「我鞋子都脫了，敲兩個給他！」幾位高壯的學弟在高中時期也遇過打架的場面，對這種情形並不會太害怕，只是我們現在身分不一樣，更不能惹事生非。

我們準備換鞋的時候，阿勇過來微笑說：「沒事了，他們電話已經打了，但是我跟他們講好了，待會兒人來，他們會叫他們朋友回去。」原來阿勇單槍匹馬去跟他們談和了。

我們七、八個人走出冰宮門口時，剛好來了三個青少年堵在出口，其中一人說：

「大概是這些兵吧！」不過他們並沒有動手，我們就離開了。青少年週末喜歡去迪斯可舞廳及冰宮溜冰，人多就容易發生事情！

第二週我與阿泙、阿洲三劍客與阿勇去彰化玩，阿勇爲了盡地主之誼，帶我們去吃彰化肉圓有名的小吃，又去八卦山看大佛，再到附近的體育場去閒逛，最後我們到阿勇家洗熱水澡，阿勇笑問：「有爽嗎！」我們三人齊聲說：「爽！爽！」比起寒冬洗冷水，洗熱水眞是太爽了！我們就這樣過了一天，雖然沒有新鮮事，但是只要能把時間耗去，我們當兵的人就會覺得很「充實」。

第三週阿勇提議說要去自然科學博物館，我們與一大群小孩子排了一個鐘頭的隊才得進去。球型的銀幕比立體電影還眞實還立體，我們看了「地球的誕生」，滿天的星空訴說著宇宙的起源，還有那銀河系的寬度簡直令人無法想像，若以光速計算距離，從太陽到地球要八分鐘，從太陽到太陽系最遠的冥王星要五個小時，而我們所居住的漩渦狀銀河系的直徑是十萬光年！

若以比例來看，太陽系的直徑若是一公釐，銀河系的直徑則有八十公里，照這個比例可見銀河系是多麼的大！而宇宙中至少還有五千萬個銀河系！如此浩瀚的宇宙，人類顯得多麼的渺小！人生沒有什麼好計較的！

第四週我們三劍客與阿勇穿著憲兵服經過台中公園旁的一家理髮院，由於以前在西門町有被拉客的經驗，對「三七仔」當街拉客的惡行餘悸猶存，因此我對阿泙說：「我們走馬路，不要走亭仔腳。」阿泙說：「沒關係，怕什麼！」當我們走近門口時，三七仔坐在門口的沙發椅上抬頭對我們微笑說：「憲兵大人，要不要馬兩節？」阿泙笑說：「今天穿憲兵服不行，改天穿便服再來！」三七仔就笑著跟我們說再見，現在三七仔的服務態度好像改善不少，阿勇說：「以前會拉，現在不會了，他們與警察有默契，亂拉的話，警察會『抄』他們。」

我們穿著憲兵服在台中市區閒逛，迎面一位阿兵看到我們就閃開了，我覺得這位阿兵很眼熟，我追上去一看，原來是好友阿能，我喊道：「阿能！」阿能回頭驚訝地說：「原來是你，嚇我一跳，我準備要落跑了。」我笑說：「我在清泉崗整訓，你要去那裡？」阿能指著公事包說：「拿著打混袋要去打混，哈！」台灣眞小！

當我們放假沒地方去時，就去看電影，有時早上看，下午也看，最多一天看過三場。當時日本片「聯合艦隊」來台上映，我們都跑去看，並對女主角古手川祐子留下深刻的印象，因爲每人都拿了一張女主角的宣傳照片藏在帽子裡，無聊時就拿出來欣賞她的面容，聊以解愁！

收假

我們在收假之前，會在營區大門旁的攤販吃「筒仔米糕」，這名詞在台北還沒見過，覺得很鮮。我們進補之後就坐CCK的公車進入營區，公車在清泉崗的大門暫停接受檢查，一位憲兵站在車門口警戒，另一位憲兵進入車內，右手握著手槍套，以左手單手檢查每一個人的證件，全部乘客都一一檢查過後，公車才得放行，這裡的憲兵對進出大門的人、車都會攔下來仔細檢查，即使是大官也不例外。

有時候等不到公車，我就伸出母指搭便車，有一次攔到一部飛官開的轎車，聽說飛官的薪餉很高，當時能開自用轎車的人，收入一定不差！有時搭不到便車只好用走的，若趕時間就用跑的，十二分就到了。

經過幾次休假之後，有的人嫌出營很麻煩，就在營休假，有的人則是提早時間歸營，阿杉說：「沒什麼好玩的，早點回來還可以吃晚餐，省一頓飯的錢。」眞是言之有理。

過年開小伙

隨著年節的腳步近了，連上長官也對大家和顏悅色了，因爲依照習俗，過年罵人不好。連長照例要大家抽籤決定放假的先後，第一梯放除夕前，第二梯放除夕後，大家當然都喜歡放第一梯，經過緊張刺激的抽籤後，我抽到第二梯！

過年的加菜當然不會少！除夕當晚我們也看電視的團圓節目以增加過年的氣氛，但是也增添了幾許的鄉愁！學弟小劉還去買了一隻雞來烤，我們開小伙眞是有趣，清泉崗地廣人稀，一縷輕煙應該沒有多大關係，這隻雞讓大家過了一個非常愉快的大年夜，在營過年其實也滿有趣的！

七、結訓撞電線桿

整訓結束前一個月，三三一的阿寶、阿炳、阿亮要退伍了！早餐後全連集合，由連長宣布，並頒發退伍令和獎狀。照例，學長買了許多香菸請大家抽退伍菸，學弟都很羨慕學長要退伍了！最興奮的人是阿寶，本來三年兵變成兩年兵！阿寶、阿亮都住在台北，以後見面應該不難，其他外縣市的同志就很難講了！也許三、五年後，或者十年、二十年以後，大家才再見面，也許永遠很難再見面了！

憲兵整訓類似陸軍部隊的下基地（照表操課），阿部通常對下基地視為苦差事，憲兵剛好相反，因爲憲兵平常衛哨勤務繁重，常常睡眠不足，整訓照表操課反而覺得輕鬆，因爲衛兵勤務比較少，睡眠比較充足。

在整訓的日子裡，大家一起出操上課、一起放假，每天相處的時間比較長，大家的感情也增進了不少，轉眼三個月過去，要結訓了，這次結訓的驗收項目有行軍、五項戰技、憲兵戰技。

行軍要走一整天，連長命我留守，我雖然樂得輕鬆，但不去也很可惜，一輩子可能只有一次！阿泙說：「你怎麼這麼好運！」我說：「我也想去啊！」阿泙說：「哪有可能！」「別假了，要不然我跟你換。」

部隊回來後，阿華有氣無力地說：「走得累死了！」

阿杉笑說：「戴防毒面具走一個小時，差點沒氣了！」

林班說：「阿喜！我被你撞了一下，痛死了！」

阿喜無辜地說：「防毒面具都霧霧的，看不清楚。」

溫班笑說：「還有人差點撞上了電線桿！哈哈哈！」大家都笑著問那人是誰！我站在一旁也跟著笑，但是我卻一句話也插不上！

五項戰技的成績有標準可循，而憲兵戰技的分數卻是測驗官的主觀認定，整訓驗收完畢，二月下旬部隊要移師回官田，裝備先上卡車，到豐原再搬上火車，回隆田還要再搬一次，吳排也抱怨說：「這實在是很麻煩！」

柒、再見官田（七十六年）

一、大門哨的奇聞軼事

清泉崗整訓三個月完畢，各種憲兵戰技與體能已經達到顛峰，連上二十位士兵已有十位掛上兵，正是兵強馬壯，每次師部測驗五千公尺，憲兵連都以整齊的隊伍，壯盛的軍容，以團隊達成最佳成績，操場周圍新兵營的阿兵與教育班長們都看直了眼，跑起來令人很有榮譽感！

回官田之前，官田的阿兵就在計算著憲兵連回來的日期，進了大門之後，彷彿空氣裡都飄著「憲兵回來了！」「憲兵回來了！」的味道！與我們不熟的阿兵，看了我們就紛紛走避，相熟的警衛排阿兵就對我們作出歡迎的笑容，並前來與我們打打屁、拉拉交情。

回官田後不久，一六八期的士官與三三三梯的紅軍老莫破月了！過沒幾天，四位一八九期的士官來報到，江班去大門「迎接」他們，帶士官們衝回連部，士官們行李安置好，見了連上長官，經理分發裝備，午睡後，林班要他們學弟跑五千公尺。

報到由大門衝回連部以及測驗五千公尺，這是官田憲兵連的規矩，一八九士官跑完步回到連上後，連長問林班說：「怎麼樣？誰落隊，誰跟得上？」然後連長就依據他們的外型、體能來作業務的分配，我到這時候終於明白，官田的報到規矩並非是無意義的！

官田營區大門前的椰林大道眞是美！再次回到官田，春天又到了，操場上猶如黃色舊地氈的草皮也漸漸變綠了，而我們也開始洗冷水澡了，我想當天氣變熱、牛郎織女星出來時，我就要退伍了！我在清泉崗整訓時改掛了上兵臂章，通常上兵離退伍日大約只剩三至六個月，在部隊中已經有一年半的資歷，俗稱老鳥，一兵中鳥及二兵菜鳥學弟當然會尊敬上兵學長，軍官及士官幹部也會給上兵面子，上兵的日子會比較好過，也快退伍了！

三三一學長退伍後，大門哨有缺我開始站大門管制哨（哨長），在軍部站大門已經有些經驗，大門管制人車物品進出營區，要小心被滲透，更要提防槍枝被搶！大門管制哨比師部的警衛哨輕鬆多了！因爲檢查人車物品，自然可以走動，不像師部哨那樣呆立不動，難過死了！況且師部連的大門警衛排還有兩名警衛哨（正哨及副哨）配合憲兵看守大門，人多半夜上哨也比較不會打瞌睡，阿兵對我們憲兵也很尊重，就算半夜很累想打瞌睡，還會先向憲兵報告說：「學長，不好意思，我瞇一下！」另兩位站哨人員當然就要提高警覺！

記得國中老師曾經說過：「在外島站衛兵，一打瞌睡，可能就被摸掉了！」同學們聽了都覺得很可怕，在兩岸水鬼互相摸哨的年代，一不小心就小命不保！老師又說：「有明哨跟暗哨，明哨站在前面第一線，警覺性比較高，暗哨在暗處，要負責盯著明哨，不能讓明哨被摸掉，但是往往明哨沒事，暗哨被摸掉！」

由省道進來營區大門有一百公尺的縱深防禦，三人六眼看守大門，警覺性高，比較不會出事。每天早晚除了固定有軍官來查哨，旅長也常常來大門巡視，一有人車出現在大門的馬路上，最先發現者會用步槍槍托輕輕敲擊地面並改端槍，其他兩人就會警覺到，上校以上需行部隊敬禮，由憲兵喊口令：「立正！」等旅長距離八至十步左右再喊：「敬禮！」三人一起齊聲：「旅長好！」等旅長回禮後喊：「禮畢！」等旅長經過哨亭後，衛兵才改立正爲稍息姿勢。

滲透

站大門不但比較輕鬆，身分地位也比較高，眾軍官爲了出入大門方便，平常看了我們就會露出微笑，有時來不及向他們敬禮，他們也不會釘我們，通常我們敬禮，軍官都會微笑表現善意地回禮。

營區裡上校以上的軍官以及老士官長（從大陸隨軍來台的老士官長）依規定可以自由進出大門而不受管制，若是有其他營區的軍人來訪的話，就要查驗人車物品，不過大部分的來訪軍車，都會事先通報師部，師部侍從官就會通知大門，憲兵就會注意來訪車號，並通報師部訪客到。

解嚴後，很多營區大門都發生過軍官進出大門不服從衛兵的檢查，但是也有很多高階將官被攔停確實檢查時，覺得衛兵恪盡職守而加以鼓勵，甚至放榮譽假。

有一次師部長官回營區，駕駛依規定閃大燈，大門憲兵看車號及人員無誤，就直接放行，駕駛也會減速通過大門，但是後面跟了一部軍車，我看車號不是師部的車，師部也沒事先通報，車上是軍部副參謀長，是我認識的，而且是跟著師部長官的車回營區，我就直接放行。

中級軍官來訪的話，那就更要小心了，因爲他會趁你不注意時，在哨亭的牆上貼一張寫著「炸彈」的紙條，那你就被滲透了！下哨回到連上不但會被連長禁假，更慘的是會被笑話、看不起，從此在連上的地位就下降了！因爲只有菜鳥才會被滲透，當了老鳥還被滲透，那還有什麼面子！有時來滲透的保防官也會在手提包裡放一顆練習用的手榴彈，看你檢查得仔不仔細！

有一天師部來了兩位剛下部隊的少尉排長，他們背著黃埔大背包，看起來菜菜的，我請他們把背包的東西都拿出來檢查，怕他們是來滲透的保防官，在大背包裡藏東西！但是看他們一副無辜的樣子，大概也不是吧！我就說：「長官，對不起，把你的東西弄亂了！」他們是四年半的預官還要四年才退伍呢！

吃宵夜

晚點名後到就寢這段自由時間，常有軍官想要出去大門外走走，站大門晚上八十哨就常會遇到，軍官穿草綠運動服客氣地向大門憲兵說：「我出去一下就回來。」他們去營區外的商家買點東西、或是吃一碗麵、或打個電話，半小時就回來，職業軍人一週只能放假一、兩天，算是很辛苦！有時候連長也會在晚點名後去大門外巡視，這大概是師長的命令。

有一天晚點名時連長說：「大門憲兵不要讓軍官隨便外出。」因為連長在營區外商家看到很多軍官！又說：「師部軍官雖然固定週末放假，但是也要有假單才能放假出去！」大門管制隨著師長及連長的命令，有時就會比較嚴格，不給方便！接下來的週末，就有一些軍官放假，顯然認為固定週末放假，為何還要假單？對大門憲兵頗有怨言！

熟識的志願役軍官晚點名後偶而要外出一下，購物或是吃麵，不要太離譜，就給他方便，畢竟軍官服役已經十年八年了！若是下士及士兵就一律不准。警衛排的士兵配合憲兵站大門哨，大家都熟識，有時他們要外出也會給方便。但是有一位上兵，可能外出次數太多，憲兵學長問他要出去幹嘛？上兵竟然大手一揮，也不說原因，就逕自走出大門，這樣很不尊重憲兵，學長很生氣，但是也沒有跟師部連連長告狀，事後學長跟站大門的憲兵學弟交代說：「以後遇到他要外出，大家不要讓他出去！」這位上兵可能即將退伍，看起來情緒不穩又心浮氣躁！不過其他警衛排阿兵還是對我們憲兵很尊重。

登記違紀

即將退伍的林班，對於違紀件數已經不再那麼重視，有一天我上哨前，林班拿違紀登記簿給我說：「站大門，進出的人車有違紀也可以記。」那天站大門我就特別注意阿兵的服儀，頭髮、指甲、軍服、皮鞋都注意看，終於遇到一位不認識又頭髮太長的阿兵，阿兵被記，沒說什麼就走了。我下哨後，這位阿兵馬上來憲兵連教室找我，怒氣沖沖地對我抱怨說頭髮哪裡太長，並指著旁邊的憲兵學弟們說，他們頭髮不長嗎？從來沒有遇過這種關說的方式，通常是找認識的人來電疏通，阿兵這麼強勢，我不想多說，就說你出去你出去，阿兵餘怒未消地走了，後來我想憲兵連理三分頭五分頭，但是一般阿兵是理小平頭的，也許只長了一點點，算了，我就把這違紀單作廢了。

還有一次站大門遇到兩位旅部士官要外出，大包包裡卻帶著兩個中型音響的音箱喇叭，部隊裡不能有私人的音響，還帶這麼大，日子太好過了？我問這是公家的？答不是，私人的怎麼可以帶進來？士官回說：「要帶出去了。」但是帶進來就是違規，我沒收了音箱，兩位士官求情不成，悻悻然地走了，過了幾天之後，旅部來向林班說情，對方好像也快退伍了，林班就請他們來取回音箱。

搶證件

假日會客時，兩名軍人身著便服拿著身分證想混進大門，我看他們頭髮的長度以及搭配的衣服，加上年紀，判斷是軍人，我逼問之下，終於拿出了補給證，我說：「你們穿便服違紀！」當我要登記違紀時，其中一名阿兵竟伸手搶了我手上的補給證，我驚訝之餘，隨手抓起另一名阿兵的手腕，不讓他們逃跑，本來搶證的人轉身要跑，但看我制住了他的朋友，他只好無奈地走回來，照理講這種嚴重的違紀要帶回處理，但是假日兵力有限，我就記違紀之後放他們一馬，不料他們竟然不願離去，還一直求情要我取消他們的違紀！我說：「沒有把你們帶回處理就不錯了，還講什麼！」

大門有會客家屬進進出出，他們卻賴著不走，我拿起哨亭電話打回連上，安官許班接電話，我說：「許班！大門有兩個穿便服的阿兵！被我記了違紀，賴著不走，找兩名憲兵來帶回處理！」許班說：「連上都沒人了！」我說：「機動班呢？」許班說：「沒有機動班，都去車巡，交管了，只剩下準備上哨的人！」我都快要退伍了，不願在新兵家屬面前拿出兇勁對人！最後他們看到三位憲兵前來接哨才趕快跑走！

過沒幾天，學長去找林班要劃掉這條違紀，林班就叫學長自己來找我講，學長說：「他是我同學，本來不理他，但是他打了好幾通電話來拜託，又是同鄉，就算了吧！」

我說：「他搶證件你知不知道！」學長說：「我罵過他了！好啦！我請你客啦！」我想學長人不錯，就給他面子吧！

站哨內急

當兵兩年幾乎沒有拉過肚子，軍人年輕力壯，作息規律，飲食正常又有運動，習慣早餐後上大號，上哨前尿尿，這樣出勤務或站哨就不會有內急問題。我只有遇過一次內急，有一天晚上我站八十哨，那天不知吃了什麼東西有問題，上哨後不久覺得肚子怪怪的！不知如何是好！九點時，連上正在晚點名，這時候也找不到人來頂替，離下哨還有一段時間，這時間真是難熬，若跑去廁所，就算擅離職守，若被抓到，事情可大可小！

幸好，不久終於等到學弟晚點名結束，看到阿勇回到大門來，我就叫阿勇代我站一下，我們兩人在哨所內迅速換裝完畢，動作快速，這都要感謝中心班長的訓練！還好這次站哨沒有出糗！事後大門警衛排的阿兵告訴我說：「以前有一個人也是上哨後尿急，結果不得已只好在哨所內用塑膠袋解決了！哈哈！哈哈哈！」經過這一次的驚險站哨，以後對於飲食就要特別注意！

土製手槍

夜晚的官田營區特別的安靜，靜夜星空下，田裡蟲鳴蛙叫，省道上偶有一兩輛汽車經過，站哨時間一久，還是很無聊，就會跟阿兵隨便聊聊，阿兵告訴我一個飆車的故事：「友人騎機車與一些少年起了衝突，雙方互相操了幾次之後，有人帶著改造手槍去報仇，結果一槍把對方的機車大燈打爛了，對方少年嚇得抱頭鼠竄，槍手自己也嚇了一跳，後來對方就擺一桌酒菜來講和了！」我說：「還好是打到大燈，要是打到人的話，不知要關十年還是八年！」阿兵說：「對啊！年輕人沒有想那麼多！」

解嚴後社會治安變壞！鋼筆手槍與土造手槍已經取代扁鑽武士刀成爲歹徒的武器！全省各地都興起了一股飆車的風潮，尤其是大度路，使警方頭疼不已！台灣地狹人稠，一到週末，大家不知去那裡好，不少青少年都迷上了飆車，甚至有打鬥衝突的發生！

匪諜村

記得三四月雨季時，半夜穿著雨衣上哨，三人六眼注意著營區內有無查哨官接近，營區外有無人車接近，阿兵忽然看到椰林大道旁的水田裡有一人距離大門約五六十公尺，拿手電筒在稻田裡走，我們就開啓大門探照燈，看看他在做什麼，雨天半夜巡田水也很奇怪，那班哨就一直注意著那農夫，而且換衛兵時交接下去，後來也沒事。

站大門哨有時候會聽到阿兵講故事，戒嚴時期金門有十萬大軍駐守，阿兵說：「金門有匪諜村，所謂的匪諜村，好像是有一個村莊，要是有阿兵走進去，人就不見了，失蹤了，找不到，因此傳說是匪諜村！」我說：「眞的還是假的？那麼恐怖？」阿兵說：「那知道！我也是聽說的！」我說：「後來呢？」阿兵說：「現在應該沒有了！」

通天眼

有一位阿兵是有在「拜」的，阿兵說：「從學打坐開始練起，練到後來身體會浮起，停在半空中，再練下去的話，半夜時會靈魂出竅，身子可以飛在空中，你可以看到大地的景象，練到最後就『通天眼』了，只要屈指一算，就可以預知未來。」我聽了之後，覺得非常的不可思異！

拉客黃牛

週日新兵會客時，一些黃牛就會來營區椰林大道拉客，由於大家都互相認識，不讓他拉客會得罪他，讓他拉客若給長官看到了，我們又會被罵，眞是左右爲難！

新兵開始放假後，拉客黃牛就比較少了，我們的壓力才減輕了些！但是晚上收假時，成百成千的新兵要回營區，我們就要加派三、四個人去大門檢查新兵的行李，通常我們都會查扣到大量的菸、打火機與檳榔！

軍人打憲兵

有一天我去新營押餉，師部連阿兵去排隊等著領錢，我站在旁邊沒事，忽然看到前方有兩三位年輕軍官在聊天，其中一位很像是我同學，名叫小胡，我一眼就認了出來，他可能也知道有一位憲兵站在附近，但是我一直看著他，他卻不願與我目光交集。

過了一會兒，我就走上前去，但他卻把臉轉開了，我就向他敬禮並微笑說：「胡長官好！」他轉身驚訝地張大眼睛（大概不曾看過笑臉的武裝憲兵吧！）然後用手托一下眼鏡，注意看著我的兵籍名牌又看我臉，然後就當胸給我一拳。

「碰」的一聲，驚動了在場的十幾位軍人，我也倒退了壹大步，眾人見狀都停下手邊的工作，或是停止了交談，都把目光停在我們兩人的身上，因爲這下子不得了了！軍人打憲兵，我怕大家誤會，隨即脫下白帽，笑著與小胡閒話「軍」常，大家這才繼續了暫停的工作與交談。台灣眞小，到處都遇得到熟人！

阿兵的賭與偷

不知從什麼時候開始，警衛排的阿兵賭起十三張來了，大概是過年的餘興猶存，但是賭注卻愈賭愈大，聽阿泙說：「打一槍好幾百塊，發餉時才還錢。」我笑說：「一個月才千餘元，要還到什麼時候？」阿泙也笑說：「對啊！有的人已經輸到退伍了！還不完！」

後來我站大門時，負責大門福利社的阿兵告訴我說：「有人偷了福利社的零錢，害我要賠好幾千塊！」我說：「福利社就在你們警衛排的對面，而且離大門這麼近，怎麼還有人敢偷？」阿兵說：「對啊！可能是自己人，昨晚站二至四點哨的學弟說有看到人從福利站經過，我也看到他拿了一大堆的零錢。」我說：「那你不去問他？」阿兵說：「問了啊！他不承認，有什麼辦法！」

我們憲兵連從來不會掉錢，我也不曾聽說有人丟了什麼東西的，因爲我們人口簡單，管理嚴格，所以我當兩年兵下來，一根針也不會丟。內賊沒有，外賊更沒有，大概也不會有阿兵笨到想自找苦吃，而偷到軍中警察局（軍中憲兵）來吧！我們門外的芒果，每年都可以長到巴掌大也沒有人敢來偷，可見我們是夜不閉戶的！

二、酒醉的大官親戚

連上兵力不足時，連長就會派士官長帶隊車巡，士官長平時沒事，在營悶得很，能去車巡他也很高興。

有一天晚班車巡，我們在新營街上忽然看到不遠處有一群軍人，大約有六、七位穿草綠服的軍人站在馬路中央拉拉扯扯又大聲吼叫，像是在打架，士官長就對駕駛兵說：「過去看看！」我覺得心跳開始加速，可能要動粗！我們白車一靠近，兩三位阿兵看到憲兵車就逃走了，剩下三位軍官站在馬路中央拉扯，我注意一看，原來是一位中校與一位少校拉著一位酒醉的中尉，而中尉一直吵鬧不休，士官長下車後直接上前拉住中尉的手臂，卻被中尉掙脫甩開了，士官長對我們憲兵下令說：「帶回去！」我與阿洲就合力把中尉拉上吉甫車後座。

少校眼見不妙就說：「上士，通融一下，他明天要調金門，喝多了一點，我們正要帶他回去。」士官長說：「醉成這樣子，怎麼回去？」中尉看到四位憲兵好像有點酒醒了，上白車後就沒有再抵抗了。

中校問說：「你們是那個單位的？」這樣問話有兩種意思，是問你那一個憲兵單位，也可說是上級長官對下屬的一種責備，因此士官長裝作沒聽到，帶隊士官既然不說，我們當然也沒有說話的份。

中校只得走近白車再問：「上士，你們駐地在那裡？我們好去帶人。」士官長看他一眼，回說：「官田營區！」士官長顯得有些得意，因爲平常我們怕麻煩，很少帶違紀的軍人回連上，這回帶了中尉回來，好像立了功一樣，令士官長非常的神氣。

回到連部後，士官長就拉中尉下車，中尉還一直吵著不停，帶著手銬的雙手亂揮，還撞了學弟一下，因此士官長就粗魯地把中尉銬在椅子上，隊裡的弟兄也都圍上來，看是什麼事，由於帶回者是中尉階，輪不到老鳥講話，所以弟兄們就散去了，準備就寢。

我車巡回來接著要站十至十二的哨，所以我沒有去睡，在安全士官桌旁等著領槍上哨，那中尉一直在喃喃自語，他忽然大聲地說：「你們趕快放了我！我是蔣某某的親戚，不信，電話借我，我只要打一通電話，你們就知道我是誰了！」

連長在安全士官桌旁踱步抽菸，聽中尉這一說，要眞是大官的親戚，那可不得了，隨即叫士官長打開中尉的手銬，連長走上前客氣地問中尉說：「你說是誰的親戚？」中尉坐著回說：「我是蔣某某，的某某，的親戚。」眞是醉話連篇，連長滿臉狐疑轉身問安官溫班說：「他說什麼？」溫班搖頭說：「聽不清楚。」連長又轉頭問我說：「你聽得懂嗎？」我搖頭回連長說：「聽不懂。」連長露出了微笑，我與安官溫班也相顧而笑，連長與在場的弟兄都聽不懂他所言爲何！

中尉起立向連長敬禮並說：「報告連長，借我打一通電話。」連長想知道他是什麼來頭的，就說：「好，你打。」中尉翻了電話簿，打了幾通電話，好像都找不到人，坐了一會兒起身又打，講了幾句無關緊要的話之後才掛了電話，中尉坐下之後向我說：「我知道你們憲兵的汽油常常不夠用，我打一通電話，叫人送你們幾桶，好不好？」我笑一笑，並不答話，中尉又對我說：「你拿一張紙來。」我無奈只好拿了一張紙給他，中尉寫了幾個字之後拿給我，我一看寫的是「送給官田憲兵隊兩百加侖汽油，某某某。」我拿給坐安官的溫班看，我們都覺得很好笑！連長拿起紙條一看，也露出了難得的笑容。

過沒多久，來了一位上尉，一進門就向同是上尉的連長敬禮，並微笑說：「學長，不好意思，我是某某單位，要來帶某某回去。」連長點頭說：「麻煩你了，人在這兒。」中尉隨即站起來哭喪著臉說：「他們打我！」上尉回說：「亂講！人家怎麼會打你！」連長說：「沒有啦，沒人打他。」中尉指著士官長說：「他啦！上士打我！」上尉看他這樣鬧下去也不是辦法，就打了中尉一小耳光，罵道：「站好！看看你成了什麼樣子！」然後轉身向連長做出不好意思的笑容說道：「學長，對不起，打擾了，我們走了。」就強拉中尉出門去了。隔天早點名後我把中尉寫給我的「油單」拿給學弟們看，大家都大笑不已！不過後來眞的有人要送我們兩大桶的汽油，連長就派人去載油回來。

我們領這個人情也是不得已的，因爲我們每月只有五十三加侖的行政用油，每天要三班車巡根本不夠用，有時汽油不夠，晚上就冒著危險改以機車巡邏，若非如此，連長也不會要這些油，因爲新營有幾個營長想請連長吃飯，連長都不去呢！

憲兵靴甲鞋

有一次阿村騎機車載我去車巡，在往六甲的路上突然出現了小火車，阿村來不及反應，我們兩人都摔倒了，阿村起身問我：「有沒有怎樣？」我擔心的是憲兵服有沒有弄破，而不在意是否受傷了，我說：「還好，憲兵服沒破。」阿村忽然說：「你鞋子破了一個洞！」我一看不錯，難怪腳踝有點痛！

由於憲兵服和皮鞋是我們的第二張臉，這下子可完了，我想前些日子有人送阿村一雙新鞋，我就說：「阿村，你有新鞋，舊的給我吧！」阿村想了一下說：「好吧！」後來阿村忘了，沒有把舊鞋給我！

當初我接經理業務時，不久師傅就調看守所了，沒有交接到隆田補給單位的人脈，使得我有吃不開的感覺，聽阿泙說，他們內衣、鞋、襪等都會有多的！這一次裝檢過關的加油嘴，還是我跑了幾次之後才修好的！修理的時間才五分鐘，而這問題卻困擾了我一年多！

後來我車巡經過隆田時，看到兩位補給單位的阿兵，都是我認識的，我想既然東西有多餘的，阿村要得到鞋子，我也去說說看，我就騎著機車追上去，有一名較瘦小的阿兵面露驚慌想要逃去，另一位上兵認出是我，因爲認識就沒逃走，我過去向他們打了招呼陪了笑臉說：「我的鞋子破了，有多的話，弄一雙給我。」上兵點點頭，我就走了。

不過我還是等不到新鞋，我只好等三三三的學長退伍，要得一雙舊鞋。後來我又遇到這兩位阿兵時，他們對我表示歉意並說：「沒有多的鞋。」我回說：「沒關係！」而我更覺得不好意思，因爲我們交情不深，會讓人有點「仗勢要鞋」的感覺！

三、軍中情人勞軍演出

勞軍晚會

憲兵連與師部連共用一個教室用餐，每天中午十二點電視開撥前的調色盤都會搭配音樂，那時每天撥放軍中情人林慧萍的新歌「走在陽光裡」：「走在陽光裡，身邊有個你，……。」因爲共用餐廳才能聽歌，憲兵連自己平常不能看電視、不能聽歌！

記得有一次用餐到一半，連長忽然抬頭說：「憲兵連！挺胸！」全連士官兵馬上挺胸用餐，上兵老鳥也一樣挺胸並以碗就口，排長站起來接著說：「憲兵連聽到了！挺胸！」在教室另一邊用餐的師部連阿兵就比較沒有要求，用餐還可以講講話，我們憲兵連用餐是安靜無聲，還要挺胸，但是沒有要求坐三分之一板凳。

知名的軍中情人有鄧麗君、蔡幸娟、銀霞、江玲、沈雁、李碧華、金瑞瑤、林慧萍、楊林、方季惟、陳明眞、蘇慧倫、孟庭葦、周子寒、王馨平、方文琳、裘海正、伊能靜、黃乙玲、孫自強、與梁詠琪等等，由於藝人常常配合勞軍演出，很受阿兵哥的歡迎。

有一天師部連阿兵忽然傳來有勞軍團體來官田的消息，大家都覺得很興奮很期待！晚餐後演出，憲兵連奉命派出兩名憲兵到場維持秩序，兩位身高一八零具儀隊身材的阿杉與阿華學長站在司令台兩側的階梯口旁，面對觀眾站立，這樣等於不能看表演，還要注意第一排座位上的長官安全。

當天精采的表演令新兵與阿兵們掌聲連連，演出到了尾聲時，有一首快歌舞曲，主持人問：「有沒有人要上台一起跳舞的？」結果陸續有十幾位新兵上台大跳迪斯可，司令台馬上顯得有些擁擠，後方欲上台的阿兵也紛紛起立走出來，前排一位長官見狀，就舉手要制止新兵上台，新兵不認識長官，沒有停止上台，憲兵機警地上前一步擋住階梯口，阿兵們看到憲兵出手制止，就乖乖回隊伍，沒人再起立要上台。我印象深刻的是有一位新兵上台連續翻了好幾個跟斗，引起台下新兵的歡呼聲，事後聽師部連的阿兵說，那是一位學國劇的新兵。

電影鬼故事

師部不知從何時起，每週莒光日晚上都放電影，有時連長會讓沒有勤務的人去看，門口收票的阿兵優惠憲兵連只收我們半票，當年正流行「大家發財」之類的鬼電影，有一晚看完鬼電影之後，同志們忽然都心生恐懼，營房中瀰漫著恐怖氣氛，由於營區是不開路燈的，在夜黑風高的晚上尤其顯得陰森，因此同志們都把壓箱底的護身符找出來，以備夜晚上哨時做爲「護身」之用，我從小就排斥喝符水、戴護身符，想不到也有用到的一天！

我幸好也帶了一個護身符，據說帽子上的國徽也可以避邪，其理論基礎是：「這國家是多少人犧牲才建立的，國徽有浩然正氣，當然可以治鬼怪！」偌大的營區漆黑一片，高大的椰子樹隨風搖曳，呼呼作響！還好有國徽保護！當天半夜下哨後，我剛好肚子不舒服，離寢室五十公尺遠的廁所，曾聽師部連的阿兵開玩笑說：「以前有人在廁所出事，就在大便池的第三間，半夜上廁所會有人遞上衛生紙，哈哈哈！哈哈哈！」阿兵白天開這個玩笑，半夜想起來眞有點恐怖！我戴著國徽小帽勇敢地走進廁所，不時回頭看一下確定後面沒人，點了根菸，一一開門檢查每間大便池，望了第三間一眼，就上第三間吧！幸好沒有如傳說中那樣有人遞上衛生紙。

（以前軍人在軍營裡，幾乎是與外界斷絕，只靠書信聯絡，現在軍人都有手機，申訴管道也暢通，軍人若有問題，可以找長官，或尋求專業協助。）

四、搭訕車掌小姐

三月、四月、五月，我再放三次假就退伍了！三月某日排休假，下午六點放假離營，心情非常愉快，站大門哨的阿勇看到我笑說：「學長，放假了！」我說：「對啊！快退伍了！」大正大副也跟著叫學長好！當了上兵很有優越感！

在官田搭公路局客運前往嘉義車站，上車買票看到車掌小姐很年輕、長得很正！即將退伍膽子也大了起來，本來想拿出學生時期的勇氣向車掌搭訕，但是車掌與司機一直講話，沒有插話餘地！晚間乘客少，車掌沒事就一直與司機聊天，司機手握方向盤眼看前方，有一搭沒一搭地回話。

夜晚省道上的車輛稀少，嘉南平原上一望無際的農田，稀稀落落的農家燈火，每天車巡熟悉的風光！心想既然插不上話，寫張紙條遞給車掌也可以吧？隨身的包包竟然都找不到筆紙，開口向前座乘客借筆，也借不到！看來只有下車繳回車票時，可以開口表達想做朋友，但是要怎麼開口呢？

「妹妹給虧嗎？」

「可以加 line 嗎？」

「可以約嗎？您手機幾號？」

以上當然都不是，七十六年時的講法是：

「小姐可以做朋友嗎？」

「可以跟您要地址嗎？」

「可以跟您要電話嗎？」

下車走下階梯短短三秒鐘，根本沒時間好好說話，還是算了！但又忽然想起一計，找出包包裡別人寄來的信封，撕下地址及姓名，下車時拿給車掌，說要跟她做朋友！也許車掌就會寫信給我！

鼓起勇氣準備搭訕，眼看嘉義車站快到了，提早一兩站離開座位，站到車掌小姐旁邊，車掌看我一眼，當作是急著下車的阿兵，並不理會，繼續跟司機閒聊著。

嘉義站到了！下車時，還在猶豫要不要開口？心臟怦怦直跳，繳回車票同時拿出地址紙條給車掌說：「想跟你做朋友，這是我地址。」車掌驚訝地大眼看著我，沒有回話，我說完就趕緊下車，也不敢回頭看，因爲跟在我後面下車的乘客會笑我吧！背後忽然傳來車掌的輕盈聲音，對司機笑說：「他給我地址內！」

搭訕沒要到對方的姓名地址電話，反而拿自己的姓名地址給對方，根本是一個失敗的搭訕！事情過了就算了，反正車上沒人認識我，搭訕就是這樣，有說有機會，失敗就自己笑笑。

那是七十六年三月的事，那時剛整訓完畢，返回官田駐地，五月就要退伍了，日子在上哨、車巡、交管中過去，四月放假，五月最後一次放假，接著退伍了，這公路局的搭訕糗事，隨著離開官田自己也忘了！

五、慰藉遊子心靈的筆友

當年規定，軍人是不能交筆友的，用意是在防止軍機外洩。我入伍前在「愛情青紅燈」雜誌上交過一些筆友，大概有一、二十人之多，寫得比較久的有五、六位朋友。

阿容是住鄉下的女孩，我們從七十三年開始寫起，她畢業後就北上學美髮，她爲了要多學一點「功夫」，換了好幾家髮廊，我們也一直換著地址寫，等我要當兵時，她已經「出師」學成了，開了一家髮廊之後，地址就固定了，倒是我開始換地址了，從泰山、中興嶺、官田、嘉義、官田、台中、到官田，換了六、七次之多，我們都是離鄉背井的人，喜歡寫信、收信聊以解愁！

小妹是在雜誌上認識的筆友，我收到信時，我已經入伍了，小妹當年是實習護士，地址隨著她換醫院實習而一直在變，後來她也介紹她同學給我，我們三人的地址都一直在變，但是通信不曾停止！我們都是出門在外的遊子，遊子回家後，地址固定了，但是我們卻斷了音訊！

我在退伍之前，又交了一位新筆友，我向師部連的阿兵要了一位女同學的姓名地址，寫了一封描述夕陽、晚霞與星空的信，期待了幾天，終於回信了！當我收到信時，興奮得跳了起來！但是這位同學只回了兩次信就封筆了！能回兩次，也算不錯了！

我也曾收過一封來路不明的信，不知道她是誰？怎會認識我呢？她的來信內容是：

你好：

突來的信件，意外否？納悶吧！或許，在你的記憶之中並沒我的名字存在……。

窗外，飄進絲絲的微風，吹入人們的心扉，哇！……天上點點繁星閃爍不定，在這靜寂的夜晚，構成一幅美麗的景色，春天，鄉下的夜晚，竟也如此般的迷人。……看完了信，該知道我是誰了吧！

祝：軍安

〇〇〇

我怎麼知道她是誰！由於她的地址就在官田附近的七股，阿泙說：「你站大門，小姐假日來會客，看到你穿憲兵制服很帥，就寄信給你了！」我回說：「哪有可能！」真的是這樣？實在很懷疑，怎麼有姓名和信箱？阿泙又說：「你制服上兵籍名牌就有名字，郵政信箱隨便一問也知道，就是這樣。」這位陌生者的信，內容聊鄉下的夕陽與星空，這是我平常寫信常寫的話題，但是想不起來，我何時寫過信給她？雖然不認識，但是我也回信聊聊鄉下風光，但是她沒有回信了！到底是誰？這可能永遠是個謎？

多與幾位筆友寫信，除了聊聊天、打打屁、解解悶之外，也滿足一些「信多」的虛榮心，我曾向阿喜說：「我與十個女孩子通信。」阿喜說：「怎麼可能！我一個也沒有，你有十個。」我說：「眞的！騙你幹麼？」阿喜說：「你拿給我看，我才相信！」我笑說：「賭三十塊。」阿喜不服氣地說：「五十塊好了，你拿給我看！」

我拿出十封不同地址、姓名的信給阿喜看，阿喜乖乖地拿出了五十元之後說：「你太風流了吧！」我笑說：「都是普通朋友啦！」阿喜說：「怎麼可能！」我說：「眞的啦！入伍前交的筆友！」阿喜後悔地說：「普通朋友？那不算！五十元還我！」我們爭了半天，最後一起去福利站把五十元花掉了，阿喜邊吃還邊抱怨說：「被你A了五十元！」我笑說：「什麼話嘛！我請你客呢！」

六、一八九期士官新班長

一八九期的三年半預士有許班、蕭班、范班與湯班四人，他們經過半年訓練，然後服役三年，薪餉有一萬多元。他們有的人是因爲抽到了海陸，或者抽到三年兵，或者因爲經濟因素，或因對當憲兵有興趣，所以去報考三年半預士。

許班與蕭班比較健談，范班與湯班就沉默多了！許班對當憲兵顯得興緻勃勃，有一天我們在閒聊時，他告訴我一些「修理」人的招數，計有「香菸」茶、「頭髮」水，「毛巾」拳等，蕭班在旁也插了一句：「電話簿加鐵鎚」我笑說：「太狠了吧！」許班說：「這是古老的傳說，現在警察與憲兵都不能打人了！」

有一天許班帶隊晨跑，直接帶隊跑出營區大門，到營外路跑比在營區跑操場有趣多了，就像在嘉義軍部跑蘭潭一樣，路跑看看風景、看看百姓的生活，弟兄們也顯得興致勃勃，我們往營區後方拔子林跑一圈，再由後門回連上，半路上看到早餐豆漿店，許班停下腳步看我一眼，問大家說：「要吃豆漿嗎？我請客。」我微笑回說：「好啊！」眾學弟們也都顯得異常興奮，雖然憲兵連搭師部的伙，伙食算不錯，但是要吃豆漿燒餅油條還是不容易啊，大家都吃得津津有味，用餐後，又慢跑回連上，有些人回營就不吃早餐了，所以連上就傳出我們外跑吃豆漿的耳語。

一八九士官來官田時，三三八已是最老的紅軍學長了！因此他們很重視我們老兵，我們也相處得不錯！但是有的單位老兵與菜班長，還是會有一些不合，經驗傳承和互相尊重都很重要，他們要等到上兵老鳥都退伍了，地位才會穩固，因此也要度過一段菜鳥班長的日子，但是時間不會太長，通常三、五個月之後上兵就退伍了！

一六八士官即將退伍，未來官田營區將由一八九士官來領軍三年，尤其是許班，接了林班的業務，將是未來官田的風雲人物！我退伍當天，許班還笑說：「到七十九年二月底（一八九退伍日）之前回來官田，我都在！」

（七十六年十月，三三六阿華要結婚時，黃班、阿汧、阿洲與我到台中出席阿華的婚禮，還看到幾位住台中的警衛排阿兵，席間聽說連部正在清泉崗整訓，宴會後，大家提議回憲兵連連部看看，我們在路上買了一些零食當伴手禮，到營區時，已經熄燈了，找到二七一連連部，新連長還出來和我們聊聊天，我們自報梯次，一六八士官，三三七梯、三三八梯，一轉眼，離開部隊快半年了！還看到了安官許班，蕭班正氣喘呼呼夜跑回來，身材變結實了！學弟阿強還從寢室蚊帳裡跑出來向我揮手叫：「學長！」紅軍三四零梯阿勇、阿喜就要退伍了！為了不妨礙部隊作息，我們停留十多分鐘就告辭了！）

七、一六八期士官退伍

士官長來官田六七年了，快要退伍了，難怪不用值星也不用接業務，再簽下去當然也可以，士官長常常算著軍中的待遇與社會上的差別給我們看，那時台灣經濟正起飛，薪資高漲，求職機會很多，士官長好像覺得退伍比較好，阿泙聽了士官長這番話，私底下告訴我說：「哪有可能！」「退伍要做什麼，出社會能賺多少錢？士官長在這裡那麼輕鬆，家裡又住那麼近，要是我，我也要簽！」

有時我們也會當面消遣士官長說：「不簽！外面不好混哦！在這裡不錯啦！以後我們會回來看你啦！」士官長不屑地笑說：「我才不要咧！去外面隨便找都有工作！」

當年憲兵單位的常士與大專士官很少，主力幹部是三年半士官，每年一梯人數又多，三年服役期間對單位幫助很大，在官田叱吒風雲獨領風騷三年的一六八期士官肯定是沒有人要簽下去，整訓回來後，只剩下一個多月就退伍了！晚點名時連長宣布：「整訓期間四位中士班長表現優異，每人記一支小功！」一六八士官即將退伍，去年被記一支小過，連長在他們退伍前，又記他們一支小功，算是對他們的肯定，也平衡了功過，士官們臉上也露出了笑容。

林班最後一次放假時，騎了一輛新越野車回來，連上同志都對越野車很感興趣，我請機車師傅阿泙退伍後幫我找一輛中古越野車，阿勇還打算退伍後要買一輛重型機車。

一六八退伍之前，不知爲了什麼事，班長們起了口角爭執，但沒有動手，應該不是什麼大事，連長對一六八發生的事也略有所聞，在歡送的場合裡還特別交待說：「你們都是同期的同學，大家在一起三年，這是很難得的，現在都要退伍了，有什麼事，大家笑一笑，就算了。」然後笑著說：「連長說的對不對？」班長們也微笑道：「對！」

連上兵力向來吃緊，從早到晚勤務繁重，士官士兵退伍當天也沒有什麼特別慶祝，照慣例，早餐後集合，由連長訓話並頒發退伍令和獎狀，繳回個人裝備，收拾好行李，偷偷拍幾張照片，互道珍重，就退伍了！菜鳥、中鳥、老鳥們各自算著自己的日子，上哨車巡各自忙去了！

記得有一天，連上忽然來了一對穿便服的長髮男女青年，站在連部門口與連長講話，連長抽著菸笑說：「記得你才剛退伍的！一轉眼多久了？有一年半嗎？有那麼久喔！」這位老學長帶著女友回連上看看，但是沒有進門，一六八班長不在，好像只有連長認識他，我也不認得，會是我剛下部隊時的退伍學長嗎？我們學弟們忙著燙衣擦鞋，準備上哨車巡，也沒有人有空上去聊天，我們也沒有什麼可以招待老學長的。老學長抽著菸，與連長聊幾句，看看安官桌，看看牆上哨表，好像若有所思，不久就離開了！

八、晚點名三四〇梯以後的留下來！

我下部隊的同時，連上有七位上兵老學長要退伍了，我支援嘉義軍部時，又退了幾位上兵學長，等我回官田時，只剩下一位上兵學長（管財務），就比較沒有學長壓力，這學長當了四五個月的紅軍退伍後，三二九梯學長又當了五個月的紅軍，新來的學弟，有的比較機靈的就會去拜碼頭，找學長聊天，與學長在一起有說有笑，就比較沒有學長的壓力。

三三一梯的學長與我梯次接近，大家又聊得來，所以我們比較有交情，三三一與三三三退伍後，我就成為紅軍學長了，有些新來的學弟就常常找我聊天，有些學弟本性沉默寡言，就比較少找我講話，我對學弟們大都很和善，連上風氣學長學弟也相處得不錯。

三三九梯

三三九有阿輝與阿土師，他們下部隊時，因為業務被前一梯下部隊的三三六、三三八接光了，兩人沒接業務，被派去受訓戰技班三個月，以種子教官身分回部隊傳授所學。阿土師身高約一七五，人長得像牛一樣壯，常利用每月放四天假去打了三天工，阿土師笑說：「一天水泥工賺八百元，做三天就賺二千四百元，比當兵一個月的薪餉還要多，哇好哩敢知！」又嚴肅地說：「做水泥工也有『學長制』呢！剛開始不會做或做得太慢也會被釘，學長制比憲兵還嚴！」阿土師作這種比喻，話雖不錯，但令人覺得很有趣、很好笑！

阿輝身高約一七零，笑臉常開，長得一副老實臉，還被拉客黃牛嗆聲過！剛下部隊不久時，有過一次會客的紀錄，他好像說不是女朋友，但是有人來會客還是讓大家很羨慕，連上週日比較忙，大概只有一、二十分鐘可以講講話。

三四〇梯

三四〇有阿勇與阿喜，阿勇與阿洲兩人身高接近一八零，有時臨時勤務的警衛哨也會派他們出馬。阿喜身高約一七零，身材非常壯碩，是我們連上酒量最好的人，我曾問阿喜說：「你最多可以喝幾瓶米酒？」阿喜說：「有一打吧！」

一旁的阿泙懷疑說：「哪有可能！」

阿喜正色道：「不信！你買一打米酒，我喝給你看！」

我又問：「那你們族人最高記錄喝幾瓶？」

阿喜說：「我看過喝最多的人，可以喝三打！」

我驚訝地說：「眞的還是假的，米酒三打？」

阿泙笑說：「哪有可能！」

阿喜說：「眞的啦！從早到晚又到隔天，不信算了！」

我說：「你喝了一打之後有什麼感覺？」

阿喜就走起醉拳的腳步說：「就這樣茫茫的，很舒服啊，撞到什麼東西都不會痛，很好玩呢！」阿喜的酒量可以喝很多，但他卻可以不喝，自制力很強！阿喜不菸不酒，也勸族人不要喝酒，是一位很優秀的原住民！

當年原住民大都比較弱勢，大人來到平地語言不通，小孩功課比較無法跟平地小孩競爭，近年來原住民與平地各族群已經融合，生活水準各方面已經差不多了。

三四二梯

三四二只有阿國一人，一人下部隊比較孤單，身高約有一八零，具有儀隊身材，但是那年代兵多將廣，一八零也不一定有機會進機車連、進總統府，但是可以成為連部旗手，阿國為人慷慨，會買東西請客。

三四四梯

三四四的阿男身高約一六八，身材略瘦，是越南華僑，他童年時雖然沒有眞正經歷越戰，但是也很接近，住的地方可以聽到砲聲，遠方天空都因戰火變得通紅。阿男受了駕駛訓練回來後，就接替三二九的謝學長當連上的駕駛兵，他從此每天夜晚睡通宵不用站哨，因為每天晚班車巡的駕駛都由他來擔任，也很辛苦，不能睡眠不足開車。

裝檢的時候，阿男就負責白車的保養，有一天阿男拆下白車的所有配件，要開白車去隆田烤漆，以應付裝檢，回到連部時，阿男無助的告訴我說：「學長，你看，這張單子是什麼？」我接手一看，上面寫著軍車違規，由於我也沒看過，不知道這是什麼意思！我說：「我也不知道！」阿男無奈，只好拿給林班看，林班又向連長報告，結果連長就大發雷霆，氣得不得了！

當天晚點名時，連長餘怒未消地說：「從來只有我們記阿部違紀，今天卻被阿部記我們『違規』！眞是天大的笑話！官田憲兵的面子都被你們丟光了！」「他攔你車，你就停啊？」「只有我們攔別人車，那有被攔的道理！駕駛兵禁假……。」

後來連長託人把「違規」劃掉了，但是幾個老鳥仍然憤憤不平，因爲我們被阿部「擺了一道」！他們一定是趁裝檢這個機會，故意抓我們軍車「配件不齊」！然後再賣一個面子給連長，以後還可以向連長要回人情！

三四六梯

三四六梯的阿琪身材瘦小，看起來個性很內向，剛到連上還沒開始上哨時，幾乎每天三餐都由他一個人拉著小推車去廚房打飯菜，因爲廚房在小山坡上，一人拉車下坡時有些危險，晚點名時連長說話了：「再讓我看到阿琪一個人去抬飯菜，大家都要倒大楣了！」本來菜鳥抬飯菜的傳統，就在連長的指示之下，排長就改爲大家排班輪流抬。

印象中，阿琪似乎常常找我講話，也會熱心幫我，雖然相處不久，但是還有點交情，三二九梯退伍後，看守所有缺，他就調看守所了。我退伍多年之後，聽阿泙說，阿琪好像從事美髮業。

三四七梯大專兵

三四七梯大專預士廖班長身高有一八零，具有儀隊身材，臉型也不錯，竟然沒有被總統府憲兵營選上！由於那年憲兵擴編，士官缺額較多，這梯次大專兵全都選為士官，連上二十位士兵，大專兵有五位，彼此會比較照顧，跟大家也都相處融洽。

三四八梯

三四八梯有阿賞、阿益與阿郎三位，身材都中等，我比他們早一年入伍，阿郎學弟沉默寡言，印象不深，三三三梯的阿財與老莫退伍後，阿郎就調看守所了。阿益與阿郎一樣忠厚老實，不擅言詞，他們大概跟我一樣，剛下部隊遇到這麼多上兵，所以感到有壓力吧？阿益容貌還跟我有點像。

阿賞身高約一七五，老家在澎湖，全家已經搬到高雄居住，家裡有漁船捕魚，是刻苦耐勞的小孩。下部隊不久接了我的經理業務，是我的徒弟，連部小倉庫東西不多，裡面有一大堆七十二年汰換下來沒有帳的舊式橄欖綠夏季制服，另外動員倉庫我清點過沒問題，都一一清楚點交。

當年高裝檢前，我去隆田營區的補給單位找人維修加油嘴，問了好幾個地方，終於找到一間教室，看到裡面很多阿兵在忙著整修各種軍品，阿兵們看到我草綠服的上兵黑臂章知道我是憲兵，大家都避開了，我想大家在忙，我就等一下，等阿兵有空檔，結果一位阿兵看我手拿加油嘴，主動上來問我，然後幫我維修，大約幾分鐘就修好了，我微笑著道謝，太感謝這位阿兵了！應該記這位阿兵一個優良！這年高裝檢，跟前一年一樣，只檢查加油嘴，這項去年缺失過關，其餘物品就隨便看看而已，很高興這次高裝檢經理裝備全數過關！

這年的教育召集有徒弟加上一些新兵幫忙，就比較輕鬆了，徒弟眞是好幫手，認眞負責！去二零四指揮部領裝備也有人可以幫忙，有一次去高雄，中午順便去徒弟家裡吃飯，但是也不能停留太久，去回車程時間加上辦業務，大概只請假五六小時吧。

（我退伍後，徒弟還來找過我一次，但是服役中與退伍後是兩個世界，漸漸沒有聯絡，一、兩年後學弟們也都退伍了！）

三五四梯

三五四梯阿強身高約一七八，壯碩身材，他如果留長髮會很像歌星五佰，在中心時就出了鎮暴任務，印象中笑臉常開，退伍後還見過一次面！

還有一些學弟，名叫阿良（三五〇）、小宏（三五八），我要退伍時又來了阿福（三六一）等三名。連上同志來自全省各地，都市農村都有，住在北部的有阿亮、阿寶與我，台中有阿華、阿杉與黃班，林班住南部，還有很多鄉下的農村子弟，同志們大都相處愉快，沒有發生任何不愉快。

三三三梯退伍後，我當上紅軍，我們這一梯紅軍很少釘（電）學弟，學弟們剛下部隊一個個都戰戰兢兢的，所以也沒有苛責他們，記得有兩次，我有講了一下學弟！

有一次剛下部隊的學弟上哨動作太慢，我跟班長已經在清槍線上準備上哨了，學弟卻還在忙，急得滿頭大汗！我忍不住說：「現在幾分了，動作慢也不早一點準備！」

還有一次假日會客交管，學弟的哨音吹得太小聲，有氣無力的哨音，實在聽不下去，等下哨回到連部後，我叫學弟到浴室外菜圃，我說：「剛剛交管你的哨音很小聲？你吹一次看看。」學弟拿起哨子，奮力吹出結實宏亮的哨聲！我點點頭說：「這樣就很好啊！我要退伍了，以後你要當學長了，這樣的哨音要一直交接下去！……！」

我剛下部隊時，有一天交管下哨後，學長帶我們新兵到浴室外菜圃集合，學長要求我們吹出結實宏亮的哨音，並一一驗收，最後學長說：「你們練習五分鐘再回連上！」連續不間斷用力吹五分鐘也眞夠累的！

新來的學弟，有很多事情要學，但是我很少當「壞人」，我個性也不喜歡管人罵人，我也快退伍了，不想板著臉對人，幾位黑軍上兵卻很適合擔任這個承先啓後的角色。自從一六八士官退伍後，每當連長晚點名結束解散後，一八九士官有時候會集合學弟們講話：「三四〇梯以後的留下來！」上兵散去後，二兵與一兵依舊整齊站好。

有時候黑軍上兵學長也會集合學弟們講講話：「你們現在輕鬆多了，以前老學長多嚴厲！……」「你們常常跑福利社？我們以前剛下部隊前一個月都不能上福利社……」「剛下部隊就抽菸！跑步不要跑輸我喔，……」學弟要加強的項目很多，如左右轉轉錯，唱歌答數放炮（說錯），憲兵戰技動作出錯，五千跑步跟不上，衣服配件沒縫好，皮鞋不夠亮，哨子吹得太爛，還有各種憲兵勤務等等，有學長的指導，會學得比較快吧！

連上的學長制算是運作得不錯，沒有負面的現象，都是比較正面的，學長通常連你的一根菸都不抽！沒有吃學弟、沒有打學弟、沒有處罰學弟、更沒有「就寢後集合學弟出操」的不當行爲！最主要原因是連上沒有這種風氣，連長也不容許有不當的體罰。

九、新兵打靶事件

有一天我剛下哨，走出連部正想去福利站買點東西時，忽然看到一部紅色的喜美轎車衝進營區大門，正覺得奇怪，爲何大門憲兵讓民車進來，不知是誰站的哨？但見轎車右轉後，在營部醫護站停車，不久，轎車又高速倒車，轉了一個彎又出了大門。

這班大門憲兵原來是阿勇站的，阿勇站大門已經有一段時間了，怎會不知道營區的規定呢？阿勇一下哨，我就問阿勇說：「剛才怎麼進來一部民車？」阿勇驚恐地說：「在後門外打靶的新兵中彈了，臨時找來後門商家的車應急，新兵躺在後座，滿臉是血，很可怕！旁邊的班長扶著新兵，身上也全都是血，後座也都是血！」阿勇又說：「營部的醫護站沒有什麼設備，只好再轉送出去。」

學弟們聽到了這個驚人的消息，都圍了上來，阿村問說：「是那裡中彈？」阿勇說：「可能是在頭部！」因此大家都認爲凶多吉少！隔壁師部連的阿兵在師部的耳目眾多，不久就傳來了消息，原來新兵部隊在打一七五公尺的靶，在三〇〇公尺當靶溝勤務的新兵卻中了彈。

在靶溝裡爲何會中彈？大家都覺得奇怪？黃班說：「靶溝那麼深，若不是爬出地面怎會中彈！」我說：「我在成功嶺也當過靶溝勤務兵，靶溝有三公尺深，被跳彈打到的可能性很低，若說有誰爬出地面，也不可能，槍林彈雨的場面，步槍子彈迎面射過來的音聲很可怕！誰那麼大膽敢爬出去看！」

當天晚上師部傳來不幸的消息，該新兵的頭部被射穿了三個洞，流血過多，傷重不治，爲何是三個洞，難道是中了三槍，這也很不可能！只聽傳消息的阿兵又說：「一槍三個洞，子彈射穿了鋼盔，貫穿了腦袋，就有兩個洞，子彈在鋼盔內壁又彈了回來，又一個銅，然後子彈就留在腦內了。」

黃班說：「五七步槍的子彈射到三百公尺遠的距離還能射穿鋼盔，一定是子彈垂直射入，若不是垂直的話，應該是會彈開，因爲鋼盔是圓的，所以新兵不可能是被跳彈打到的？」黃班所言甚是，這件意外，大家都覺得很不可思異！

隔天早上新兵的家屬趕到了營區，又剛好是阿勇站大門，阿勇說：「家屬來五、六位，一進大門就有人痛哭失聲而欲昏倒，那位可能是新兵的母親，他們對新兵發生這種意外很不滿，指教育班長沒有盡應盡的責任才會出事，他們又哭又罵，說新兵是被我們師部害死的，聽說該新兵還是獨子呢！」我們聽了，又驚訝又嘆息！這意外很不可思議！後來聽說師部拿了撫卹金給新兵家長，公祭時由旅長去上香，這件事到此才告結束。

在憲兵學校後山打靶的日子，分隊長們對我們新兵特別的兇，連平常喜歡跟我們聊天打屁的小白臉林分隊長都收起笑容嚴肅起來，若有新兵在排隊等打靶時亂動或講話，就會遭到分隊長們嚴厲的責備與處罰，當時覺得分隊長那麼兇幹什麼！原來打靶時，紀律最重要，一不小心，就會出事！如今我眞正地感受到了當時長官的用心良苦！

新兵事件之後，過沒多久又出了人命！晚點名時連長表情嚴肅地說：「有一位士官晚上出去喝酒，因爲喝得太晚，不敢從大門進來，就想爬牆進來，也許喝太多酒了，有點醉了，不愼跌落到圍牆外的嘉南大圳淹死了！」

師部的接連出事，令人覺得當兵確也是危險重重，自己要多加小心！除了注意自己身體健康，一切行爲都要小心！我心想，被禁假被關都沒關係，只要不丟了小命就行了！

十、漢光四號演習

在我破月的同時，國軍要在台南縣的海邊舉行漢光四號三軍聯合作戰演習，我們是預備師，並沒有參加演習，但是演習之前的預演有長官蒞臨，既然是在我們的管區，我們當然要派出交管哨與警衛哨，除了留在營區站哨的人之外，所有兵力都出動了，我們派出八名憲兵，從省道到海邊選了五個較大的路口各配置一位憲兵實施交管，阿杉與阿華則擔任警衛。

在預演的當天，我們用完早餐就出特勤去了，我被派在離海邊最近的一個交管哨，從九點一直等到十一點才見車隊到來，聽說最大的官是三顆星，但不知道是誰！待會兒敬禮時只要用力喊「長官好」，前兩字叫得模糊沒關係，只要「好」字中氣夠的話，誰也不會仔細去聽你叫對了人沒有，這招是軍部帥哥教的，想不到還眞有用，因爲我們憲兵見大官的機會不少，叫錯了人自然不好，叫不出名來也不好，所以用這招是最好的方法。

六部車子停好之後，下來了好多軍官！雖然我是破月的老鳥，但不免也有點緊張，這些長官加起來有十幾顆星星！有一位上校跟我一樣也很緊張地站在最邊邊，上校本來已是不小的官，但是今天只有靠邊站的份。眾將官慢慢走近，我等最大的三星長官走到距離七八步時敬禮，並中氣十足大聲喊：「總司令好——！」三星長官微笑地看我一眼向我回禮。

我靈機一動叫了個「總司令」好，因爲我想，反正他不是國防部長，也不是參謀總長，叫總司令總不會錯，我一樣前三字叫得模糊（也許是副總司令），好字中氣十足拉長音，誰也不會去追究，跟在三星之後有二星、一星、與校尉級軍官們，一行人聲勢浩大經過我面前，我拿出最標準立正姿勢，一動也不動，眾人漸漸遠去！

眾將官一去不回，我又從十一點站到一點，我心想怎麼還沒結束呢？幸好我站的地方，只是一條路寬三公尺的鄉間小路，鄉下地廣人稀，久久才有一兩位鄉民騎車經過，都會好奇對我看一眼，大部分的時間都四下無人，我可以放輕鬆點，腳酸了還可以走動走動，但是站了四、五小時腿酸不說，也有點尿意了！最後我忍不住，拿下白帽，找了一面牆迅速就地解決，所幸眾將官沒有在此時回來，否則後果不堪設想。

眼看時間一分一秒地過去，不知道還要站多久？連部也抽不出兵力來換哨，午餐時間已過，也沒有便當！我心裡正在抱怨時，白車出現了！當車子靠近時，士官長對我揮手說：「好啦，上車，撤哨了！」

我一上車就問：「眾將官呢？」

士官長說：「走別的路回去了！」

我故意說：「士官長！我們站這麼久，連上怎麼沒有派人來換哨？」

士官長說：「連上也沒人啊！站兩歇兩，怎麼換？」

我笑說：「要不然，送個便當來也好！」

士官長說：「好啦！回去再吃！」

一旁阿杉抱怨說：「你還好咧！站交管還可以走來走去，我們做警衛都不能動，站了四小時，差點昏倒！」

我笑說：「這樣你們比較辛苦！」

阿華不滿地說：「我們都很可憐！人家阿部破月的話，那有人在站衛兵，整天打混沒事做！」

阿杉說：「我們站哨要站到退伍前一天，還聽說有人站到退伍當天早上，才繳回裝備退伍的。」

我搖頭說：「誰那麼衰阿！」

阿杉說：「兵力不夠，那有法度，難道要排長去站衛兵！」

阿華有氣無力地說：「好累喔！站到快昏倒！」

士官長說：「北部的憲兵，聯合警衛、示威遊行那麼多，要是遇到國慶的話，那才眞的累喔！」

我們回到連上吃冷飯菜時，已經兩點多了！排哨的許班看我們回來了，也要接著排哨。學長向許班抱怨道：「我們站了四、五小時的警衛哨，回來又馬上要站哨，要站給他昏倒哦！」許班無奈地說：「車巡的車巡，機動的機動，都沒人了！」

六月初正式演習時，我們三三八梯與三三五梯已經退伍了，連上只補了三位新兵，六月十五日退伍的阿杉與阿華又去站演習的警衛哨，退伍的最後回憶，眞是辛苦了！

十一、離營座談

在我退伍前的一、兩個月，甚至更早，就有許多學弟向我要求交接我退伍後的裝備，從膠盔、上衣、領帶、飾緒、槍肩帶、褲子、腰帶、哨子、皮鞋，都有人要訂，我就順便作一些人情給學弟，但是我的徒弟接我的業務很辛苦，因此我就以他為優先考慮。

我為了要讓學弟高興一下，買了當時還沒降稅的昂貴洋菸請學弟抽退伍菸，而大家都以開心的笑容向我回報，讓我覺得很高興。

離營座談是指揮部為各單位即將退伍的憲兵所舉辦的，用意是在了解一些軍中的弊病，和吸取一些建言。去座談不用站哨，還可以出去走走也不錯，我們五人到了指揮部之後，先去會場看看，順便簽名報到，然後去找我剛下部隊時的輔導長（他調到指揮部來了），想不到再次見面時，我就要退伍了！我們大概有一年半沒見面了！

輔導長看到我們，高興地微笑說：「好快啊！你們要退伍了！」

我們也微笑回說：「輔導長好！」「對啊！要退伍了！」

我微笑說：「輔導長在這裡不錯吧？」

輔A說：「在這邊沒什麼啊，看看公文，輕鬆得很！」

江班笑說：「輔導長快升（官）了吧！」

輔A笑說：「快了！就要升了！」

江班回說：「不錯嗎！輔導長我們去走走，等一下再過來。」

由於時間還早，江班就建議出去溜溜，我們就去外面的商家喝飲料聊天，聊著聊著座談時間也快結束了，我說：「要回去嗎！」江班說：「沒關係，等結束了再回去！」我們就喝飲料打屁，等到座談結束後，我們又回去找輔A聊了一會兒才走，我們微笑向輔A道別：「輔導長再見啦！」輔A也微笑回說：「再見！再見！」以後要再見輔A，不知是什麼時候了！

事後江班拿一張憲兵司令部的獎狀給我，我驚訝地問：「怎麼會有？」江班神祕地說：「向以前那位『輔A』要的，千萬別說出去！」眞是謝謝輔導長了，但是這句話卻不知什麼時候才有機會說？

十二、退伍水池大戰

當我破了月之後，即將退伍的喜悅就被離愁沖淡了不少！我深切期待著退伍，但又戀戀不捨官田！江班有一天收到公文之後，偷偷地對我說：「連長也要調了。」我驚訝的問：「眞的啊！那一天？」江班說：「與我們退伍同一天！」連長來官田兩年了，也差不多要調職了，我們就建議全連來大合照，作爲留念。

連上白天三個哨，晚上四個哨，大家都睡眠不足！晚點名時連長說：「若是師長調走，就可以把師部晚上改爲單哨，連長先調（走）的話，一定要把這件事交代下去！」連長笑道：「士官長！你會簽下去吧？」士官長笑說：「不一定！」同志們也都笑了，連長又說：「士官長，這件事你要記清楚！」眞的，要不然大家都累昏了！連長即將調職，難得在晚點名時露出微笑！

學長私藏的相機也拿了出來，我們就在連部照了幾張個人專輯，我們配帶手槍、步槍照了幾張之後，仍覺得不過癮，又向一八九的士官借了一支瓦斯槍，許班還說：「改帶小帽，這樣子很像『迅雷』（警察替代役）的！」

我們這樣私開槍櫃已屬違規，軍械士怕被人看到，緊張地說：「好了！好了！快點！」阿泙說：「怕什麼嘛？你是憲兵士官，誰敢管你？見官大三級你知不知道！」最後阿泙竟然說：「機槍拿出來！我們仿『迅雷』的沒什麼，要仿『藍波』！」軍械士面有難色地說：「不行！不要爲難我！」阿泙說：「人家要退伍了！照張相片留念嘛！」我說：「要不然等午睡時間，就不會有人看到，借三分鐘就好！」軍械士很爲難地說：

「好吧！等午睡，三分鐘，不能告訴別人哦！」我說：「放心！沒人敢講！」阿泙板著臉說：「子彈要拉一排出來，這樣才像藍波！」軍械士笑道：「開什麼玩笑？不借！都不借，你們要退伍了，想讓我當不完的兵是不是？」

破月之後，時間似乎過得特別地快，轉眼就破週了！阿喜笑著對我說：「你眞好呢，就要退伍了！」我微笑說：「我還眞捨不得離開官田呢！」阿喜懷疑地說：「曖喲！你眞臭屁，你要退伍了，才在說風涼話！」我正色道：「眞的，我很想再簽下去。」阿喜笑道：「好了！好了！我聽不下去了！」

阿輝對我說：「學長，破週了要請客！」我笑說：「破百、破月，那有人在破週的！」阿輝拉著我往販賣部走，並說：「有，怎麼沒有！」我笑說：「明天破五，後天破四要不要請？」阿輝說：「要要要，不過，今天先請了再說！」

我們三三八與三三五在五月三十一日退伍，就在倒數計日的前幾天，我們上完莒光日的課程之後，江班傳來了提早退伍的消息，我說：「明天就可以走了，休假兩天，眞好！」阿村也說：「怎麼這麼好？」江班說：「連長也要走了嘛！他也要放假啊！」我們紅軍多放了兩天退伍假！眞令人興奮！

我站完了最後一班衛兵之後，我向許班說：「眞捨不得脫下這一身的憲兵服！」許班說：「去台北中華商場做一套不就得了，那裡從頭到腳的各種配件都有，然後再買一支假槍，那就全副武裝了。」我說：「對啊！我也想做一套留著作紀念。」許班又說：「我半夜上哨時，我會打電話去你家叫你起床上哨！」我笑說：「謝謝你哦！我會在我家附近巡邏。」許班笑道：「對啊！守望相助嘛。」

在軍中的最後一夜，許班就讓我們睡通宵了，但是我倒想半夜起來，再看看官田的星空，再去體會古人那「天階夜色涼如水，坐看牽牛織女星」的感覺，春天的北斗七星，夏天的牛郎織女，秋天的飛馬座，冬天的獵戶星座，這些都是我熟悉的星座。今年恰巧還來了哈雷彗星，就是俗稱的掃把星！說也奇怪！哈雷來的時候，師部還出了不少事！一夜少睡，早上起床後竟然也精神百倍。

五月二十九日早上，我們吃了早餐之後，連長就叫我們換便服了，我們高興得跳了起了！阿泙、阿洲、阿喜、阿勇、阿輝、阿賞、阿益、阿強等眾學弟都圍了上來向我們祝賀，阿泙說：「阿曜，你不考慮一下？」我笑說：「考慮什麼？」阿洲笑說：「再簽下去！」阿喜也說：「對啊！對阿！我們捨不得你走！」結果大家就起哄，拉我去見輔A，阿勇正色道：「報告輔導長，阿曜想再簽兩年兵！」輔A笑道：「好啊！歡迎歡迎，國家需要你！」

照慣例，我們換上便服之後，全連集合為我們做簡單隆重的歡送會，連長都為我們申請了陸軍司令部的獎狀，連上也做了獎牌送給我們，連長頒發了退伍令之後說：「當兩年兵，一轉眼就過去，記得你們好像才剛下部隊的，怎麼就要退伍了！……，連長替國家感謝你們這兩年來的辛勞，大家在營是好弟兄，退伍後就是好朋友，完畢！」江班喊道：「敬禮！」我們做出了最標準的敬禮姿勢，帶著微笑行了最後一次的軍人禮！學弟們也為我們熱情的鼓掌。

我來官田兩年，從來不曾有人可以提早半天退伍，我們卻提早放了兩天假眞是難得！部隊解散後，眾學弟又圍著我們催促去換衣服，剛開始我們不予理會，但是眾學弟說：「不換，要丟水池嘍！」阿喜、阿強、阿賞與阿益就來抓我，要抬我去丟水池，我情急之下拿出學長的威嚴怒道：「阿強！幹什麼？學長你也敢抓！」阿強笑道：「報告學長，不敢。」因此阿強、阿益就鬆手了，阿泙卻在一旁道：「阿強！沒關係，抬過去。」阿強猶豫了一下，阿泙又說：「不抬！等一下你就完了！」所以我又被抬了起來，我無奈道：「好好好！我去換衣服。」

怕水的阿輝不肯換裝，也照樣被丟水池，我們被丟了之後，也去抓學弟來丟，最後幾乎每一個人的衣服都溼了，不是被丟的，就是自己弄溼的，因為此時只要有任何人的衣服是乾的，眾人就會合力把他丟水池，後來我們見人就丟，因此其他部隊的阿兵都不敢走近水池，不知情的師部連輔A要來水池旁的福利站買東西，也被我們抬了起來。

我們鬧了一陣子之後，士官長走了過來說：「好了！好了！回去了！」我們看到士官長的衣服是乾的，大家就作勢要抬士官長丟水池，士官長板著臉說：「回去！這是命令！」大家回去後，士官長才和氣地說：「萬一水池裡有什麼東西，撞到怎麼辦！要玩的話，潑潑水就好了！」阿泙笑道：「士官長，我們來玩潑水！」士官長說：「好啊！等我退伍！」

由於時間已經接近中午了，士官長就留我們吃午餐，打飯菜的學弟還加了些菜給我，我說：「這怎麼好意思呢！」阿益說：「在營的最後一餐嘛！多吃一點。」我說：「你們還有苦日子要過，你們才應該多吃一點！」

仔細品嘗了這餐飯之後，終於要說再見了！縱然依依不捨，但是天下無不散的宴席！阿泙說：「我送你到大門！」我說：「幹嘛！十八相送！不用了！」阿泙說：「我要去大門帶新兵，一起走啦！」我笑說：「原來是順便的！來了幾個新兵？」阿泙說：「三個吧！」一路上我特別交待阿泙：「趕快幫我弄一部中古的越野車。」阿泙也答應了。

我們走到大門時，三位新兵也到了大門，三位菜鳥戰戰兢兢地向大門憲兵敬禮並說：「學長好！」見了阿泙又說：「學長好！」阿泙指著我說：「他也是你們的學長，今天要退伍了！」菜鳥們隨即轉身又向我敬禮說：「學長好！」阿泙向我道別後，就帶著菜鳥「衝」回連部了。看到這些菜鳥的背影，令我又想起剛下部隊時的情形，他們彷彿就是我以前的影子！我好像有很多話要向新兵交代，但欲言又止！

我在等公車時，對著官田營區的一草一木，忍不住要多看幾眼，當我坐上公車高高的位子上時，我依稀看到阿泙與三位菜鳥在師部操場跑步的身影，我心裡對自己說著：「再見了！官田，我一定要再回來！」

雖然我前一夜沒有睡飽，但是我還是捨不得在車上睡覺！我要再好好的流覽這些熟悉的風光，官田、隆田、柳營、新營、後壁、水上、嘉義……。

我不知不覺地睡著了，但又驚醒，望著窗外，想著這兩年來所經歷的日子，彷彿就像窗外向後飛逝的景物一樣，快速地消失無蹤，而無情的公車，不肯多作停留，一直向前奔去！

眞是：兩年一覺官田夢，贏得忠貞憲兵名。

十三、我們這一連在各行各業

我退伍之後不久，又背著黃埔大背包去台中工作，因此就時常與住在台中的同志聯絡，後來同志們結婚時，我們官田憲兵都要坐上一桌！

七十六年阿華結婚，到者有黃班、林班、阿杉、阿泙、阿洲和我等。

七十七年林班結婚，到者有吳排、士官長、阿強、阿賞、阿泙、黃班、鍾排、阿洲、阿華、阿杉和我。

八十年阿泙結婚，到者有陳連長、孫輔導長、鍾排、林班、黃班、阿寶、阿華、阿杉、阿勇、阿輝、阿洲和我。

八十二年我結婚時，到者有連長、鍾排、阿亮、阿寶、阿炳、阿宇、阿杉、阿華、阿泙、阿洲。

我退伍六年半之後結婚，居然還坐滿一桌憲兵弟兄，這令我非常的高興，這也是非常的難得！聽鍾排說：「現在與連長、輔導長，又碰在一起了！我們都在司令部。」這眞是巧合！

經過幾次的聚會之後，我得知各人目前工作分別爲：

士官長—簽下去。

林班—從事服飾業。

黃班—從事室內裝潢業。

溫班—在紡織公司。

金班—在運輸公司。

江班—在南亞上班。

阿寶—電子業。

阿炳—鐵工廠。

阿亮—開家具店。

老莫—廚師。

阿宇—電子業。

阿華—電器公司。

阿杉—電子業。
阿洲—麵包業。
阿泙—冷氣空調。
阿輝—與溫班同公司。
阿勇—開店。
阿喜—退伍後終於考上了公立大學，畢業時，據說還上了報！
阿琪—美髮業。

後來又有許多同志結婚了，他們是阿輝、阿洲、阿勇、阿寶與阿杉，但是到場的同志卻越來越少了！所以我和阿泙、阿勇就商議要對大家來一個總召集，然後成立一個「官田聯誼會」的永久組織，好讓這份友誼一直持續下去！

憲兵常用術語

人員

一、軍中憲兵—配置在陸軍部隊裡的憲兵部隊，師部配置憲兵連。

二、地區憲兵—配置在各縣市的憲兵隊。

三、星星—將軍。

四、發角—上校升少將。

五、開花—上尉升少校。

六、老闆—單位主管。

七、連頭啊—連長。

八、輔A—輔導長。

九、鍾排—鍾排長。

十、林班—林班長。

十一、阿兵—各軍種的阿兵哥。

十二、阿部—陸軍阿兵哥部隊。

十三、老鳥—老兵。

十四、菜鳥—新兵。

十五、天兵—常常出包的阿兵。

十六、紅軍—部隊裡離退伍日最近的那一梯老學長，黑軍就是第二老。

十七、師徒—前後任業務阿兵的互稱。

十八、學長制—學長輔導和管理學弟的制度。

十九、小蜜蜂—騎著機車到處找打野外（野外作戰訓練）的部隊，賣一些飲料或小吃的機車小販；一些騎車的工作，也稱爲小蜜蜂。

裝備訓練

一、新訓—新兵訓練。

二、中心—新兵訓練中心。

三、新訓中心評語—淚灑關東橋，血濺車籠埔，魂斷金六結，癱死斗喚坪，官田度假村，大內出高手，快樂在新中。（除了特種部隊之外，現在中心訓練比較不嚴格。）

四、整訓—整編及訓練部隊，類似陸軍部隊的下基地（照表操課），憲兵部隊固定每年有三個月整訓，民國一零六年以後改稱爲「基地訓練」。

五、教召—後備軍人教育召集訓練。

六、卡哨—站哨，站衛兵，衛哨班表事先排定，每位阿兵依序卡一班哨。

七、併哨聊天—營區崗哨通常有兩名衛兵一起站哨，若兩名衛兵站在一起閒聊，會失去警覺性，容易引發危險，故禁止併哨聊天。

八、坐安官—士官或士兵執行安全士官勤務，通常都有椅子可以坐，安官桌有軍用電話、自動電話、電話紀錄簿與衛兵領取槍械彈藥紀錄簿，值勤時稱爲坐安官。

九、站兩歇六—站兩小時的衛兵，間隔六小時後再上哨，就是一個哨由四個人輪流值勤站哨的意思，也稱爲四人釘（卡）一個哨，兩班衛兵間格的六小時，還有其他勤務，並沒有眞正休息六小時。

十、出狀況—出事情、出錯。

十一、出包—出錯、做錯、或做壞事被人發現，一般指軍人違法犯紀被發現。

十二、抓包—東窗事發。

十三、夾懶蛋—簡稱夾蛋，形容被長官訓話時的立正窘狀。

十四、釘—或稱電，監督、修理，如老兵釘新兵。

十五、釘—站；值；輪，含有不能動之意，如釘哨。

十六、白車—白色的憲兵吉甫車。

十七、聯合警衛—由國安局特勤中心、總統警衛室、總統府侍衛室、警政署警官大隊、和憲兵指揮部警衛大隊等單位組成，共同維護總統及副總統之安全。一零一年公布「特種勤務條例」後，改稱爲特種警衛、特種警衛勤務、或特勤。

十八、跑「隔離帶」—爲防止群眾突襲憲警保護的對象，發現群眾騷動脫序時，憲警預備隊會衝出來形成人牆隔離帶，以保護人員或讓人員安全撤退。預備隊需事先規劃練習，跑隔離帶一定要非常迅速，才能達成任務。

十九、鎮暴—戒嚴時期禁止集會遊行，警備總部負責指揮憲警處理集會遊行活動，憲警處理遊行脫序行爲稱之爲「鎮暴」，解嚴後改稱爲「處理群眾事件」。

二十、鎮暴警察—由憲兵及保警組成，解嚴後以保警爲主。

二一、鎮暴車—鎮暴車輛種類有鎮暴指揮車、廣播車、鎮暴水車、蛇籠車、憲兵GMC警備車（鎮暴人員運輸車）等。

二二、鎮暴水車—又稱水車、水砲車，用來驅散違法脫序的遊行群眾。

二三、鎮暴方法—以警力隊形驅散群眾、用水柱驅散、用催淚瓦斯、用橡皮子彈、用實彈。

士官兵常用術語

一、當不完的兵—服役時若犯法被判刑，需先服完刑期，再繼續服未完成之兵役，若一再犯法，就會一再延後退伍，這情況稱爲當不完的兵。

二、破冬─台灣從民國三十八年至一百零六年實行徵兵制，役期兩至三年，役男退伍倒數計日，役期破冬，剩下不到一年就退伍。

三、破百─役期剩下不到百日就退伍。

四、唬爛─吹牛。

五、阿達─頭腦有問題。

六、哈死─別想；渴望死了。

新訓中心班長常用術語

一、注意！

二、懷疑啊？

三、再混嗎？

四、倒大楣！

五、出狀況！

六、死老百姓！

七、左去又回！

八、當不完的兵！

九、停了還在動！

十、搞什麼東西！

十一、搞不清楚狀況！

解嚴前後集會遊行與重大事件

六十八年一月的「橋頭事件」。
六十八年十二月「美麗島事件」。
七十四年十一月十六日縣市長選舉。
七十五年五月一十九日「五一九綠色行動」要求政府解嚴。
七十五年九月二十八日「民進黨成立」。
七十五年十一月三十日「中正機場接機事件」。
七十五年十二月六日舉行增額國大代表及增額立委選舉。
七十六年七月十五日政府宣布解除戒嚴。
七十七年五月二十日「五二零農民運動」。
七十九年三月「野百合學運」。
七十九年五月二日「反軍人干政大遊行」。

八十年五月一日廢止「動員戡亂時期臨時條款」。

八十年五月二十二日廢止「懲治叛亂條例」。

八十一年五月十五日通過刑法一百條修正條文。

衛哨失槍事件

六十九年一月七日教廷大使館保警命案，歹徒持土造手槍襲警，搶走三八左輪手槍。

七十二年一月三日湖口雙哨命案，被奪取兩支六五式步槍。

七十二年十一月屏東楓港竊槍案，被竊取兩把卡賓槍。

七十三年四月基隆員警命案，被奪取手槍。

七十四年十月台北運鈔車保警命案，被奪取手槍。

七十四年十一月台北員警命案，被奪取手槍。

七十四年十二月新竹雙警命案，被奪取手槍。

七十六年台東哨兵被撞，被奪取六五式步槍。

七十七年博愛特區襲警奪槍，歹徒未得逞。

八十四年六月十三日光復橋憲兵命案，被奪取六五式步槍。

八十六年兩名員警共乘一部機車被撞，被奪取手槍。

八十七年金門保警命案，被奪取手槍。

八十九年空軍某基地衛兵上哨時遇襲，被奪取步槍。

九十年四月二十三日花蓮發生襲警奪槍，被奪取九零手槍。

九十二年二月海巡衛兵命案，被奪取六五式步槍。

九十二年新竹發生襲警奪槍命案，被奪取九零手槍。

九十四年兩名巡邏員警分乘兩部機車遇襲，被奪取九零手槍。

九十九年博愛特區襲警奪槍，歹徒落網。

一零六年總統府憲兵被歹徒持武士刀砍傷，歹徒落網。

近年來網路及電話詐騙興起，歹徒奪槍搶銀行的案件變少了，但是軍、憲、警、及海防的衛哨人員被攻擊、被奪取槍械的危險還是存在著！除了加強哨所軟硬體設備之外，值勤人員應該時時刻刻提高警覺，以維護安全！

國家圖書館出版品預行編目資料

憲兵故事／陳經曜著. --初版.--臺中市：白象文化事業有限公司，2023.2
面； 公分
ISBN 978-626-7253-12-0（平裝）
1.CST: 憲兵 2.CST: 通俗作品

593.97 111020238

憲兵故事

作　　者　陳經曜
校　　對　陳經曜
發 行 人　張輝潭
出版發行　白象文化事業有限公司
412台中市大里區科技路1號8樓之2（台中軟體園區）
出版專線：（04）2496-5995　傳真：（04）2496-9901
401台中市東區和平街228巷44號（經銷部）
購書專線：（04）2220-8589　傳真：（04）2220-8505
出版編印　林榮威、陳逸儒、黃麗穎、水邊、陳媁婷、李婕
設計創意　張禮南、何佳諠
經紀企劃　張輝潭、徐錦淳、廖書湘
經銷推廣　李莉吟、莊博亞、劉育姍、林政泓
行銷宣傳　黃姿虹、沈若瑜
營運管理　林金郎、曾千熏
印　　刷　基盛印刷工場
初版一刷　2023 年 02 月
定　　價　390 元